Burhan Ahmad

Políticas ambientais para proteger os polinizadores

Burhan Ahmad

Políticas ambientais para proteger os polinizadores

ScienciaScripts

Imprint

Cover image: www.ingimage.com

This book is a translation from the original published under ISBN 978-620-2-06280-0.

Publisher:
Sciencia Scripts
is a trademark of
Dodo Books Indian Ocean Ltd. and OmniScriptum S.R.L publishing group

120 High Road, East Finchley, London, N2 9ED, United Kingdom
Str. Armeneasca 28/1, office 1, Chisinau MD-2012, Republic of Moldova, Europe
Printed at: see last page
ISBN: 978-620-7-80312-5

Política ambiental de proteção dos polinizadores: características e medidas necessárias para evitar a crise induzida pelo clima na agricultura de sementes oleaginosas no Paquistão

Resumo:

O impacto das alterações climáticas nas culturas oleaginosas está a tornar-se mais evidente de dia para dia, levando a uma diminuição do rendimento das culturas no Paquistão. O Paquistão é um país agrícola onde as inundações, as secas e a alteração dos padrões de precipitação são um dos principais problemas causados pelas alterações climáticas. Os polinizadores já são afectados pelos efeitos das alterações climáticas. Os fenómenos meteorológicos extremos podem ter impactos ainda mais graves nestes polinizadores, causando elevadas perdas durante o inverno. Os polinizadores menos migratórios, como os pequenos escaravelhos e as abelhas que nidificam no solo, podem ser mais afectados por acontecimentos como inundações e tempestades. As condições extremas podem não só perturbar os meios de subsistência de insectos individuais, mas também ter um impacto negativo em colónias inteiras ou populações locais. Recomenda-se que sejam tomadas medidas proactivas para resolver estas questões, caso contrário a área total cultivada poderá diminuir e o mercado das sementes oleaginosas poderá ser afetado. Além disso, é urgente explorar as possibilidades de criação de conteúdos e de reforço institucional para fazer face aos problemas das alterações climáticas no Paquistão. Espera-se que uma avaliação pré-ativa dos riscos das alterações climáticas possa ajudar o governo a definir estratégias contra a perda dos serviços dos polinizadores no Paquistão.

Palavras-chave: sementes oleaginosas, alterações climáticas, polinizadores.

Introdução

Os meios de subsistência de centenas de milhares de pessoas estão intimamente ligados aos polinizadores. As culturas que dependem dos polinizadores contribuem para os rendimentos dos agricultores e proporcionam benefícios às empresas agro-alimentares que utilizam produtos de polinizadores. Cerca de 90% das espécies vegetais são polinizadas por animais, pelo que a saúde dos "ecossistemas" naturais depende em grande medida da aptidão dos polinizadores (Ollerton et al., 2011). Os frutos e sementes que resultam da polinização animal são fontes de alimento vitais para muitos mamíferos, galinhas, répteis e vermes.

Os polinizadores são uma componente fundamental da biodiversidade global, uma vez que prestam serviços ecossistémicos essenciais às culturas e às plantas selvagens. Há provas claras de declínios recentes tanto dos polinizadores selvagens como dos domesticados e de um declínio paralelo da flora que deles depende (Potts et al., 2010). Além disso, há cada vez mais provas de um declínio global dos polinizadores, com impactos de grande alcance em muitas regiões agrícolas (Gallai et al., 2009). Um declínio na abundância e diversidade dos polinizadores pode levar a uma falta de serviços de polinização, o que afectaria significativamente a conservação da diversidade das plantas selvagens, a estabilidade dos ecossistemas em geral, o rendimento das culturas, a segurança alimentar e o bem-estar humano (Regan et al., 2015). O impacto provável do declínio dos polinizadores na saúde e na nutrição a nível mundial é difícil de avaliar. Nos países em desenvolvimento já afectados pela escassez de alimentos e nutrientes devido às alterações demográficas e climáticas, o impacto será provavelmente dramático (Eilers et al., 2011).

As alterações climáticas globais são uma mudança nos padrões meteorológicos a longo prazo que caracterizam as regiões do mundo. O termo clima refere-se às mudanças diárias de temperatura, vento e/ou precipitação numa região (Merritts et al., 1998). O aquecimento global é um fenómeno em evolução; o aumento da temperatura média da superfície da Terra e dos oceanos deve-se a uma elevada concentração de gases com efeito de estufa. A principal causa da elevada absorção de gases com efeito de estufa é a queima de combustíveis fósseis e a desflorestação. As alterações climáticas a longo prazo afectam a quantidade e a qualidade das plantas em termos de taxa de crescimento, fotossíntese e taxa de transpiração. Estas alterações têm um impacto direto no aumento da temperatura da Terra, o que, em última análise, leva a uma redução do rendimento das culturas (IPCC, 2007). O Paquistão tem um clima maioritariamente quente e é, por isso, particularmente vulnerável às alterações climáticas. Geograficamente, o Paquistão está localizado numa região onde o aumento da temperatura é previsivelmente superior à média global. Este aumento da temperatura provoca o aquecimento global, que leva a um aumento da temperatura média da superfície da Terra e da concentração de gases com efeito de estufa. Estas alterações das condições climáticas têm um impacto direto nas culturas oleaginosas, uma vez que a atividade dos polinizadores diminui (Memmott et al., 2007). Prevê-se que estas condições climáticas possam reduzir os rendimentos até 30 % em 2050 (Karim, 2009).

As alterações climáticas afectam a quantidade e o tipo de alimentos e outros serviços ecossistémicos. Parte-se do princípio de que um ligeiro aquecimento (1-3°C) beneficiará a agricultura nas latitudes médias e altas, enquanto poderá levar a perdas de rendimento nas latitudes baixas (confiança média) (IPCC, 2007). A falta de serviços ecossistémicos será provavelmente uma das principais causas das alterações climáticas. Embora os ecossistemas se tenham adaptado às alterações climáticas no passado, a sua resiliência está agora a ser minada pelos estilos de vida e pelo número crescente de pessoas. As alterações climáticas também representam uma ameaça para os serviços de polinização (Schweiger et al. 2010). De facto, vários autores concluíram que os efeitos ecológicos das alterações climáticas estão a afetar os serviços de polinização (ver, por exemplo, Van der putten et al., 2004; Sutherst et al., 2007). Devido à alteração das condições climáticas, a produção de sementes oleaginosas no Paquistão está a diminuir de dia para dia. A produção alimentar futura deve, portanto, reduzir o stress sobre os ecossistemas e planear o inesperado - incluindo alterações na água doce, na regulação natural das pragas e nos serviços de polinização.

Medidas de adaptação política adoptadas a nível mundial

Investigadores do consórcio Wessex BESS descobriram que existe um declínio líquido dos insectos polinizadores no Reino Unido (Oliver, 2015). O enfraquecimento do potencial de segurança proporcionado pela biodiversidade é particularmente importante tendo em conta o futuro incerto associado à necessidade de uma maior segurança alimentar, às alterações climáticas e à redução da paisagem devido à expansão urbana, que podem conduzir a um declínio das actuais espécies dominantes e a uma polinização inadequada das culturas e das plantas selvagens. As zonas urbanas sustentáveis, se devidamente planeadas e geridas, podem ajudar a atenuar as alterações climáticas, reduzindo a pegada ecológica da produção alimentar. Ao mesmo tempo, a agricultura urbana pode melhorar os esforços de adaptação às alterações climáticas, aumentando a cobertura vegetal e reduzindo o escoamento das águas superficiais (UN-Habitat Cities and Climate Change Initiative, 2014).

Os espaços verdes nas zonas urbanas desempenham um papel crucial no apoio aos polinizadores e proporcionam oportunidades para um grande número de pessoas entrarem em contacto com a biodiversidade e beneficiarem dela. A conversão de alguns prados em prados anuais e perenes ajuda os polinizadores e outros invertebrados benéficos ao longo do ano (LWEC, 2016). A investigação de Dicks et al. (2015) argumentou que a disponibilização de habitats ricos em flores em 2% das terras agrícolas e 1 km de sebes floridas por 100 ha pode fornecer a estas espécies pólen suficiente para alimentar as suas larvas (utilizando estimativas baixas das necessidades de pólen). Santangeli et al. (2016) sugerem que existem numerosas medidas de conservação das terras agrícolas que são economicamente viáveis para os agricultores e podem ser implementadas voluntariamente, sem incentivos financeiros. Estas incluem o cultivo de margens não cultivadas em torno de terras aráveis e caixas de nidificação para abelhas solitárias.

É provável que a composição da comunidade se altere quando as ligações espaciais ou temporais entre as espécies são perturbadas, levando a uma rutura nas interacções entre espécies, predação ou polinização e alterando o equilíbrio competitivo e as redes ecológicas (Parmesan, 2006; Suttle, 2007; Walther, 2010; IPCC, 2014). Muitas partes interessadas estão envolvidas na gestão da diversidade de polinizadores, e há frequentemente uma transferência de preços e benefícios entre organizações de partes interessadas. Por conseguinte, é crucial que sejam desenvolvidos mecanismos que não só procurem o aconselhamento das partes interessadas, mas também facilitem a sua participação genuína na tomada de decisões e na partilha de benefícios (Convenção sobre a Diversidade Biológica COP 6, 2002).

Este documento discute medidas simples de adaptação e abordagens potenciais que poderiam ajudar a reduzir o impacto das alterações climáticas na saúde e atividade dos polinizadores, o que poderia, em última análise, salvar a agricultura de sementes oleaginosas no país. Acreditamos que esta revisão ajudará cientistas, investigadores, planeadores e decisores políticos a desenvolver estratégias futuras para avaliar os impactos das alterações climáticas e a adaptar-se para proteger os polinizadores e evitar uma crise na agricultura do Paquistão.

Efeitos das alterações climáticas nas culturas oleaginosas

O mercado global de sementes oleaginosas registou uma tendência descendente nos últimos anos, o que também teve impacto no mercado local de sementes oleaginosas/óleo comestível. O Paquistão produziu 0,462 milhões de toneladas de óleo comestível em 2015-16 e importou 2,8 milhões de toneladas de outros países em 2015-16, o que representa mais 12% do que no ano anterior (Quadro I). Os óleos e as gorduras são um componente muito importante da dieta humana. Estes óleos podem ser obtidos a partir de diferentes tipos de culturas. Mais de uma dúzia de sementes oleaginosas são cultivadas no Paquistão, mas a colza e a mostarda são as mais importantes. A colza e a mostarda são boas fontes de óleo comestível e contêm 44-46% de óleo e a sua farinha contém 38-40% de proteínas. No Paquistão, a produção interna de óleo comestível é muito baixa, pelo que a procura é satisfeita através de importações de outros países. Um dos factores responsáveis pela baixa produtividade das sementes oleaginosas é a falta de polinização das sementes (Rao et al., 1980; free, 1993; Abrol, 2007, 2008, 2009). Entre os vários polinizadores, os insectos polinizadores desempenham um papel importante no aumento da produção de sementes oleaginosas (Mishra et al., 1988). As principais culturas oleaginosas que necessitam de polinização para aumentar a produtividade incluem a colza, a mostarda, o girassol, o cártamo, o sésamo, o niger, a taramira e o linho. Existem amplas provas do declínio das populações de polinizadores devido à degradação ambiental local e global (Kluser e Peduzzi, 2007). O atual declínio dos polinizadores selvagens e domesticados e o declínio paralelo das culturas que deles dependem representam uma ameaça crítica para a segurança alimentar global e a agricultura sustentável (Potts et al., 2010).

O momento da polinização é determinado por factores climáticos como a temperatura e a disponibilidade de água (Cleland et al., 2007). Além disso, muitos polinizadores sincronizam os seus ciclos de vida com as condições climáticas, e esta resposta fenológica das plantas e dos polinizadores deve manter-se largamente sincronizada para que muitas relações planta-polinizador continuem a ser possíveis. As alterações climáticas estão a alterar a resposta fenológica das plantas, e alguns polinizadores podem não ser capazes de sincronizar os seus ciclos de vida com a alteração do calendário de polinização. Kudo et al. (2004) mostraram que as plantas nos Alpes floresceram muito mais cedo desde 1998, enquanto o momento da emergência dos polinizadores não se alterou necessariamente, perturbando a polinização. As alterações climáticas estão também a mudar o "envelope climático" das espécies em latitudes e altitudes. Algumas espécies são mais móveis ou adaptáveis, pelo que a composição das comunidades de plantas e polinizadores é suscetível de mudar em muitos locais. Por exemplo, as espécies dos trópicos estão próximas do seu máximo térmico, pelo que o aquecimento ambiental fará com que algumas espécies migrem para regiões mais frias ou se extingam (Deutsch et al., 2008).

Quadro I. Área e produção de sementes oleaginosas em 2014-15 e 2015-16.

Crops	Year 2014-15			Year 2015-16		
	Area	Production		Area	Production	
	(000 Acres)	Seed (000 Tonnes)	Oil (000 Tonnes)	(000 Acres)	Seed (000 Tonnes)	Oil (000 Tonnes)
Rapeseed/ Mustard	533	210	67	539	202	65
Cottonseed	7,579	3,450	414	7,685	2,966	356
Sunflower	349	182	69	214	92	35
Canola	37	17	6	36	16	6
Total	8,498	3,859	556	8,474	3,276	462

Source: Pakistan Oilseed Development Board (PODB), Pakistan Bureau of Statistics.

O clima futuro e o seu impacto na agricultura

A economia do Paquistão depende da agricultura, que contribui com 24% para o PIB e 70% para as divisas. O Paquistão é o oitavo país entre os que serão mais afectados pelas alterações climáticas, quer direta quer indiretamente através do impacto no sector agrícola. O aquecimento global está a aumentar a temperatura média da Terra e a alterar os padrões de precipitação. No passado, a quantidade de precipitação diminuiu, mas a intensidade aumentou. Prevê-se que as secas e inundações devastadoras ocorram com elevada frequência no país (Zahedi et al., 2009).A longo prazo, as alterações climáticas poderão afetar a quantidade e a qualidade das culturas em termos de taxas de crescimento, fotossíntese e transpiração. O aumento da temperatura média pode encurtar a duração da estação das sementes oleaginosas, o que pode levar a perdas de rendimento. Uma atmosfera com uma concentração elevada de CO_2 conduziria a uma taxa de fotossíntese mais elevada (ver, por exemplo, Cure e Acock 1986; Allen et al., 1987). Além disso, a taxa de transpiração de algumas culturas pode diminuir até 30 % (Kimball, 1983). A continuação das emissões de gases com efeito de estufa conduzirá a um maior aquecimento e a alterações a longo prazo em todas as propriedades do sistema climático, aumentando os impactos generalizados e irreversíveis nos seres humanos e nos ecossistemas (Figura 1). O Painel Intergovernamental

O Painel Intergovernamental sobre as Alterações Climáticas (IPCC) previu que as concentrações atmosféricas de CO_2 poderiam aumentar para 660 ppm até 2060 e para 790 ppm até 2090 (IPCC, 2007, 2014).

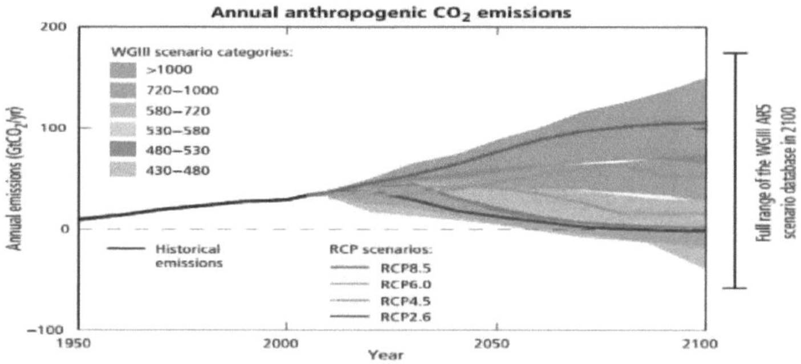

Figura 1: Emissões de dióxido de carbono isolado nas trajectórias de concentração representativas (RCP) e nas categorias de cenários associadas utilizadas no WGIII (as áreas coloridas mostram um intervalo de 5 a 95 %). As categorias de cenários do WGIII resumem a vasta gama de cenários de emissões definidos com base nas concentrações de CO2. Nível em (ppm) no ano 2100 (IPCC AR5, 2013).

Quando a concentração de CO_2 na atmosfera aumenta, isto leva a taxas de fotossíntese líquida mais elevadas (Cure e Acock 1986, Allen et al. 1987). A concentração mais elevada de CO_2 também reduz a taxa de transpiração, que pode chegar a 30% nalgumas espécies de plantas (Kimball, 1983). O crescimento e o rendimento das plantas C3 podem ser afectados por um aumento do CO_2 atmosférico, principalmente através de um aumento da taxa de assimilação do carbono e da fotossíntese (Griffin e Seemann, 1996). Em particular, a qualidade do óleo de girassol pode ser afetada por concentrações elevadas de CO_2 (Taub et al., 2008).

A agricultura do Paquistão está mais dependente da precipitação das monções - um aumento da temperatura global alterará os padrões de precipitação - qualquer alteração no início e no fracasso das monções terá um impacto drástico na agricultura. O verdadeiro risco das alterações climáticas é a rapidez com que estão a ocorrer. Nos últimos 130 anos, as temperaturas médias globais aumentaram 0,6-1,2°C. Outros dados sugerem que a temperatura média global poderá aumentar 0,4°C por década no futuro. Prevê-se que as temperaturas aumentem até 5-6°C até ao final do século

(Figura 2). Temperaturas elevadas prolongadas podem reduzir o peso dos grãos e o rendimento em óleo dos girassóis (Herris et al., 1978).

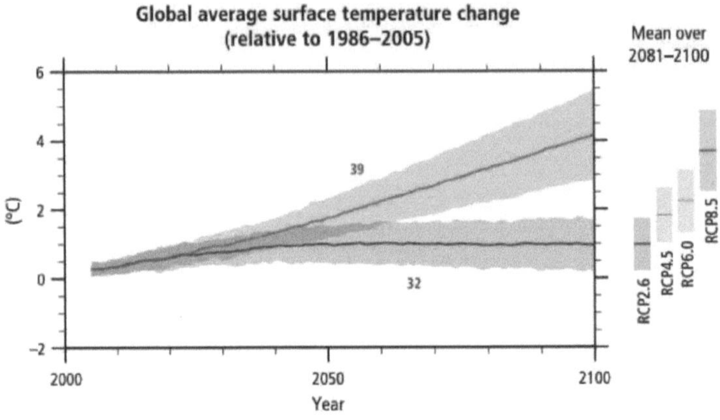

Figura 2: A temperatura média global à superfície para o futuro é estimada utilizando simulações multimodelo. São apresentadas séries cronológicas das projecções e uma medida de incerteza (sombreado) para os cenários RCP2.6 (azul) e RCP8.5 (vermelho). (IPCC AR5, 2013).

Prevê-se que o nível médio global do mar suba 0,2-0,6 metros até ao final do século (Figura 3). O aumento contínuo da temperatura conduziu a uma expansão da água do mar. A interação entre o mar e a atmosfera leva a alterações nos processos físicos que provocam a subida do nível do mar (Berthier et al., 2010). Com o aumento da temperatura, grandes volumes de água entraram nos oceanos devido ao recuo dos glaciares (Meier et al., 2007).

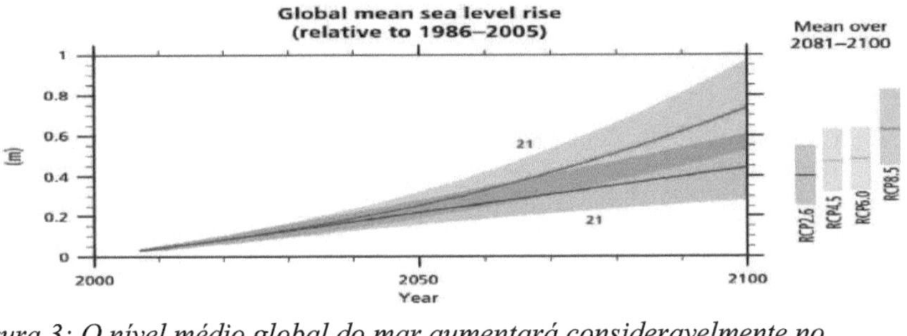

Figura 3: O nível médio global do mar aumentará consideravelmente no século XXI. (IPCC AR5, 2013).

Efeitos dos parâmetros ambientais na atividade dos polinizadores

As alterações climáticas representam uma ameaça para os serviços de polinização (Memmott et al., 2007; Scheiger et al., 2010; Hegland et al., 2009). O declínio das populações de polinizadores constitui um risco para a produção alimentar e agrícola. Em última análise, trata-se de um risco para a economia dos agricultores que dependem da relação mútua entre polinizadores e plantas. Colocar em perigo a relação entre plantas e polinizadores é, por conseguinte, uma ameaça direta para a sociedade humana e deve ser definitivamente investigada. As abelhas são polinizadores importantes em todo o mundo (Kearns et al., 1998). São ectotérmicas, ou seja, necessitam de uma temperatura corporal elevada para voar. O stress biótico associado às alterações climáticas conduziu a um declínio das populações de polinizadores e levou os investigadores a procurar polinizadores alternativos (Cane, 2002). A cobertura de neve e a seca podem reduzir o número de flores e a produção de néctar, acabando por limitar os polinizadores na sua procura de alimento (Inouye, 2008).

Influência do vento e da humidade

A libertação de pólen de várias variedades de sementes oleaginosas é desencadeada por ventos moderadamente fortes. Os esporos destas variedades são igualmente libertados pelas vibrações das folhas induzidas pelo vento ou pela energia cinética das gotas de chuva que as atingem. À superfície, um

As rajadas de vento têm o potencial de sugar pequenas partículas de sujidade, pólen sedimentado e microorganismos como bactérias e ácaros da superfície ou dos organismos hospedeiros. Os vectores de vento da reanálise do Centro Nacional de Previsão Ambiental (NCEP) mostram velocidades e direcções do vento inconsistentes em todo o Paquistão, o que tornou a polinização ineficaz na zona. Os padrões verticais predominantes da velocidade do vento indicam ventos descendentes de advecção fria, como mostra a reanálise do NCEP sobre a região de cultivo de sementes oleaginosas do Paquistão (figura 4). Isto sugere que, nos últimos anos, não tem havido vórtices de vento suficientes para manter no ar estes pequenos objectos bióticos e abióticos.

As abelhas formam favos quando as temperaturas são iguais ou superiores a 13°C; não formam favos quando chove ou quando a velocidade do vento ultrapassa os 5 metros por segundo. A nebulosidade também limita a atividade de voo, sobretudo perto das temperaturas-limite. Uma abelha voa normalmente a uma velocidade de 8 m/s vazia e de 6,7 m/s com carga (pólen, néctar ou água, por exemplo). De facto, não são capazes de transportar uma carga a mais de 6,7 m/s contra o vento. A figura 4 mostra que as tendências das velocidades horizontais do vento nas orlas norte e sul do Paquistão convergem para um limiar de 5 m/s, com gradientes não triviais de até 3 m/s na região. Mostra também que a tendência da velocidade vertical do vento é descendente na metade norte do país e ascendente na metade sul. No entanto, os gradientes apresentam um comportamento oposto, com vento a favor na metade norte e vento a favor na metade sul, o que, por sua vez, provoca correntes instáveis. Sabemos exatamente como o vento variável na natureza afecta os insectos voadores. Os abelhões são insectos de pente "para todas as condições meteorológicas" e, por isso, experimentam frequentemente condições de ar variáveis, que vão desde fluxos turbulentos e totalmente misturados a correntes instáveis e estruturadas. As condições de fluxo instável reduzem a velocidade de voo das abelhas a montante, sugerindo um maior esforço de voo em fluxos instáveis, o que pode afetar a procura de alimentos e o aprovisionamento energético da colónia em ambientes naturais de vento variável (Ravi et al,

2013). À medida que a velocidade do vento aumenta, a rotina das abelhas diminui numa relação linear e o comportamento de procura de alimento altera-se. Uma abelha muito carregada pode não se dar ao trabalho de voar contra o vento para regressar à sua colmeia, dirigindo-se antes para uma colmeia mais próxima. Um vento forte pode obrigar as abelhas a procurar alimento no fim de uma fila de colmeias num apiário ou em colmeias a favor do vento num campo ou num pomar (ver, por exemplo, Graham, 1992; Polito et al., 1996; Thorp, 1996).

Figura 4: Tendências dos vectores horizontais do vento (m/s) (em cima à esquerda) e declives (em cima à direita), tendências da velocidade vertical do vento (Pa/s) (em baixo à esquerda) e declives (em baixo à direita), com base nos conjuntos de dados de reanálise do NCEP. As tendências e os

$$V_t = \sqrt{\frac{2mg}{c_w \rho A}} \quad (1)$$

gradientes horizontais do vento foram determinados ao nível da superfície para o período 1948-2016, enquanto as velocidades verticais do vento foram determinadas ao nível da superfície para o período 1979-2016.

A ideia geral da corrente ascendente de um corpo volumétrico na atmosfera é descrita pela lei de Stoke da sedimentação, segundo a qual a velocidade terminal *Vt de um* objeto é

-3-2-32a massa (kg m), *g* a aceleração da gravidade (-9,81 m s), *cw* o coeficiente de atrito (- 1 para os corpos circulares, < 1 para os corpos com formas aerodinâmicas), *p* a densidade do ar (- 1,2 kg m ao nível do mar) e *A* a superfície projectada do corpo (m). O vento tem praticamente o mesmo efeito que o fluxo de água nos rios: Com fortes turbulências e velocidades

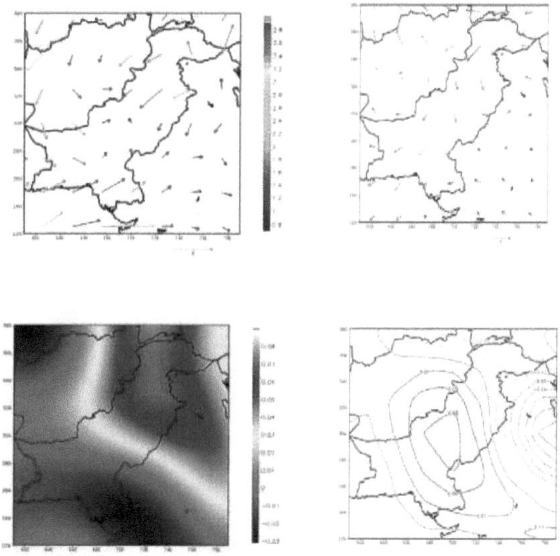

horizontais do vento, os insectos polinizadores podem procurar um abrigo onde não sejam apanhados pelo movimento do ar, mas uma vez perdido o contacto com o solo, o tamanho e o peso do seu corpo são demasiado pequenos para alcançarem novamente o solo, e ficam a pairar no ar até aterrarem numa zona mais calma onde a sua velocidade de afundamento é superior ao movimento do vento, permitindo-lhes alcançar novamente a superfície do solo. Os corpos com um tamanho inferior a -10 inn são normalmente demasiado pequenos para regressarem à superfície na atmosfera turbulenta. Por isso, para estes corpos pequenos, a impactação é o processo mais importante (quando atingem fisicamente a superfície de uma árvore ou outra planta). O estigma pegajoso do pistilo de uma flor ajuda a reter o pólen mesmo quando a impactação é fraca.

A polinização pelo vento é considerada ineficiente em comparação com a polinização por insectos, mas as duas estão ligadas. Com as actuais velocidades do vento, os pequenos insectos podem ter de se adaptar em conformidade. $^{-1}$Testes laboratoriais efectuados num túnel de vento indicam que mesmo ventos fracos >0,2 ms podem ter um impacto no comportamento de voo e de aterragem dos polinizadores. A essência dos testes mostra que os pequenos polinizadores perdem cada vez mais o controlo da sua trajetória de voo com o aumento da velocidade do vento e podem deixar de aterrar sobre o alvo desejado. No caso das sementes oleaginosas, que não têm asas, pêlos ou apêndices semelhantes a para-quedas, aplica-se a velocidade de descida de Stoke (equação 1), razão pela qual as sementes pequenas são geralmente arrastadas pelo vento devido ao seu longo tempo de permanência na atmosfera (o tempo de permanência é inversamente proporcional à velocidade de queda), enquanto as sementes grandes são responsáveis por pequenos grãos dispersos a sotavento da planta de sementeira, a não ser que as sementes sejam dispersas por insectos.
A polinização pelo vento tem poucas hipóteses de sucesso num ambiente tropical e húmido. Trata-se de um processo passivo que só pode ser bem sucedido em determinadas condições ambientais. A extraordinária diversidade das características do vento faz com que seja incerto se um grão de pólen irá pousar num estigma da mesma espécie. O pólen transportado pelo vento desempenha um papel diminuto na polinização permanente. Na maioria dos casos, o pólen percorre menos de 10 m, pelo que a relação entre a fonte de pólen e a distância percorrida é inversa nesta região (Timmons et al., 1995; Thompson et al., 1999). A distância de dispersão do pólen de colza varia entre alguns metros e 360 metros e, nalguns casos extremos, há também provas de transmissão pelo vento até 1500 metros (Timmons et al., 1995). A humidade elevada leva a uma redução da quantidade de pólen no ar, especialmente na metade norte do país (Figura 5). A humidade elevada na

metade norte do país chega a atingir 85%, o que tende a levar a uma diminuição da atividade diária das abelhas melíferas. Além disso, a humidade mais elevada, a precipitação intensa, os ventos mais fortes e as temperaturas diárias mais baixas têm um impacto negativo na visitação das inflorescências das sementes oleaginosas (Puskadija et al., 2007). No Paquistão, o movimento do pólen de colza é limitado durante as frentes meteorológicas e o tempo turbulento. A distância de dispersão do pólen no ar varia consoante a topografia e as condições ambientais. Além disso, o movimento do pólen depende da velocidade e da direção do vento e da vegetação circundante (Gliddon et al., 1999; Thompson et al., 1999). O pólen é transferido para longas distâncias quando os grãos de pólen são capturados por correntes de ar ascendentes e se deslocam para além da altura da vegetação.

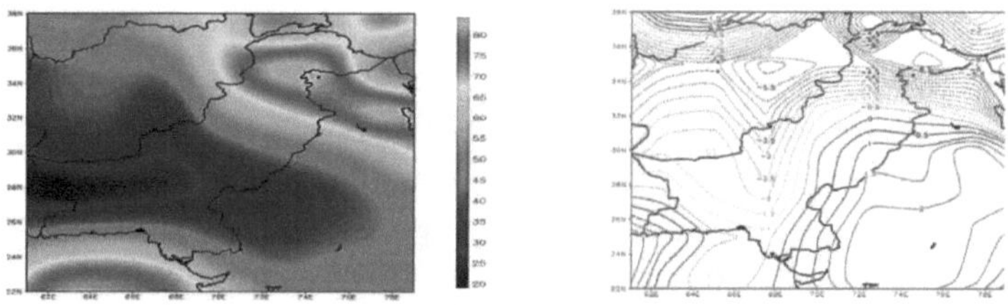

Figura 5 Distribuições espaciais das tendências históricas a longo prazo (1948-2016) (à esquerda) e dos declives (à direita) da humidade relativa (%) sobre a superfície da Terra; apresentadas utilizando os conjuntos de dados de reanálise do NCEP.

Influência da temperatura

Hegland et al. (2009) argumentaram que as flutuações de temperatura conduzem a alterações nas relações entre os polinizadores das plantas. A atividade polinizadora e de floração das plantas parece ser fortemente influenciada pela temperatura (figura 6). Um aumento significativo de até 0,7 °C nos últimos 68 anos deve-se à atual perturbação das actividades de polinização na região de Punjab, no Paquistão (figura 7). As plantas e os insectos podem responder de forma diferente às alterações de temperatura, conduzindo a discrepâncias espaciais (distribuição) e temporais (fenologia).

Estas discrepâncias podem afetar as plantas através da redução da visitação de insectos e da deposição de pólen, enquanto a experiência dos polinizadores pode reduzir a disponibilidade de alimentos. O Quarto Relatório de Avaliação (AR4) do Painel Intergovernamental sobre as Alterações Climáticas (IPCC) descreve várias alterações observadas no clima global. Nomeadamente, o IPCC identificou um aumento das temperaturas globais, uma diminuição da cobertura de neve e gelo e uma alteração na frequência e intensidade da precipitação (IPCC 2007). O impacto mais credível das alterações climáticas em termos de interacções entre plantas e polinizadores é o de al., 2009). As projecções do IPCC indicam que as temperaturas médias globais à superfície aumentarão mais 1,1°C (cenário de emissões moderadas) a 6,4°C (cenário de emissões elevadas) no século XXI, com aumentos de temperatura excecionalmente elevados nas latitudes mais altas (IPCC 2007). Os efeitos biológicos do aumento da temperatura dependem da sensibilidade fisiológica dos organismos às mudanças de temperatura. Deutsch et al. (2008) concluíram que um aumento de temperatura previsto para o futuro nos trópicos, mesmo que relativamente pequeno, é suscetível de ter consequências mais prejudiciais do que as alterações em latitudes mais elevadas (Figura 1.2). Isto deve-se ao facto de os insectos tropicais serem relativamente sensíveis às alterações de temperatura (com uma gama estreita de temperaturas adequadas) e de viverem atualmente num ambiente muito próximo da sua temperatura óptima. Deutsch et al. (2008) sugerem que as espécies de insectos em latitudes mais elevadas - onde se prevêem aumentos de temperatura mais elevados - têm maior resiliência térmica e sobrevivem em climas mais frios do que o seu ótimo fisiológico. O aquecimento poderia, de facto, melhorar o funcionamento dos insectos que vivem nessas latitudes. Por esta razão, os agroecossistemas tropicais são susceptíveis de sofrer maiores declínios populacionais e extinções de polinizadores nativos do que os agroecossistemas em latitudes mais elevadas. Com base nos padrões de tolerância ao aquecimento, prevê-se que as alterações climáticas sejam mais prejudiciais para os insectos nas zonas tropicais do Paquistão, com uma tendência de temperatura média de até 30°C nas latitudes mais baixas (Figura 7).

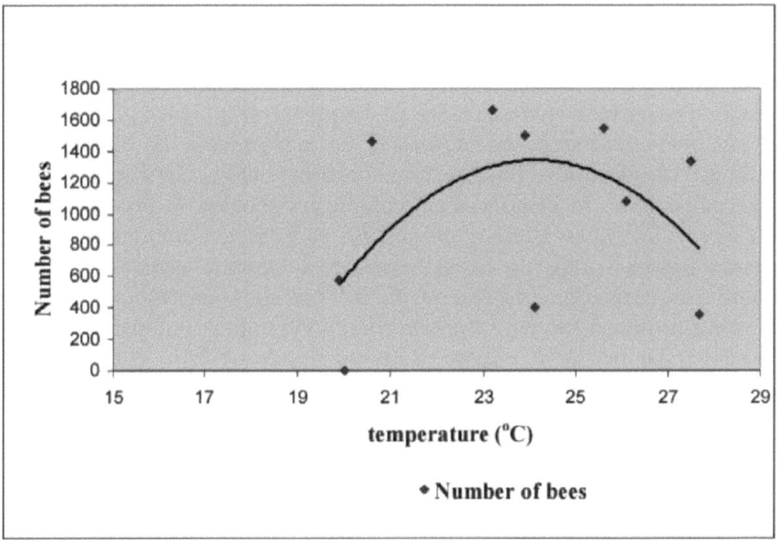

Figura 6: Influência da temperatura do ar nas visitas das abelhas às inflorescências de girassol durante o período de floração. (Puskadija et al., 2002).

Figura 7 Distribuição espacial das tendências históricas a longo prazo (1948-2016) (à esquerda) e dos declives (à direita) da temperatura média do ar (°C) sobre a superfície da Terra; mostrada utilizando dados de reanálise do NCEP. A taxa de variação da temperatura média do ar é mais elevada na região do Punjab, com um aumento de até 0,7 °C no período histórico mais recente.

Impacto da precipitação

As alterações climáticas, que já eram evidentes no passado, alteraram os actuais padrões de precipitação. A precipitação diminuiu nalgumas áreas, levando a secas mais generalizadas no Paquistão (Figura 8). A precipitação elevada pode limitar os polinizadores na sua procura de alimentos. As condições ideais para os polinizadores se alimentarem são dias de sol, com baixa velocidade do vento e temperaturas moderadas. É provável que as alterações climáticas alterem os actuais padrões de precipitação. Como mostra a Figura 8, algumas zonas da metade sul do país estão a registar uma diminuição da precipitação (menos de 0,5 mm/dia), levando a períodos de seca mais prolongados. Este stress hídrico pode limitar o número de flores e a produção de néctar. A cobertura de neve pode também diminuir com o aumento das temperaturas. Sem dúvida que foram feitas tentativas para que os abelhões respondam à cobertura de neve em vez de à temperatura (Inouye 2008). É necessário determinar a medida de precipitação mais adequada para cada ocorrência.

As temperaturas extremas e a seca são problemas de curto prazo susceptíveis de afetar as culturas, especialmente durante a antese (Wheeler et al. 1999). A análise da tendência e do declive na Figura 8 mostra claramente a taxa negativa de mudança na precipitação média mensal nas regiões de Punjab e KPK com uma diminuição de até 1,6 mm/dia, resultando em stress hídrico na região das sementes oleaginosas. De facto, as flores com menos atractivos são menos atraentes para os polinizadores (Galloway et al. 2002; Pacini et al. 2003; Mitchell et al. 2004; Hegland e Totland 2005) e são menos polinizadas, o que afecta a qualidade e a quantidade de sementes (Philipp e Hansen 2000; Kudo e Harder 2005). As espécies de plantas que resistem ao stress hídrico podem também produzir um peso de sementes mais baixo e um menor número de sementes, resultando num rendimento mais baixo (Akhalkatsi e Losch 2005). Este stress hídrico pode reduzir a produção de néctar e, em última análise, reduzir o número de flores (Figura 9). As perdas de rendimento durante a seca podem também ser causadas por uma redução da sobrevivência do pólen e um aumento do aborto de sementes, que foram analisados como os factores mais importantes para a formação de sementes (Melser e Klinkhamer 2001; Boyer e Westgate 2003).

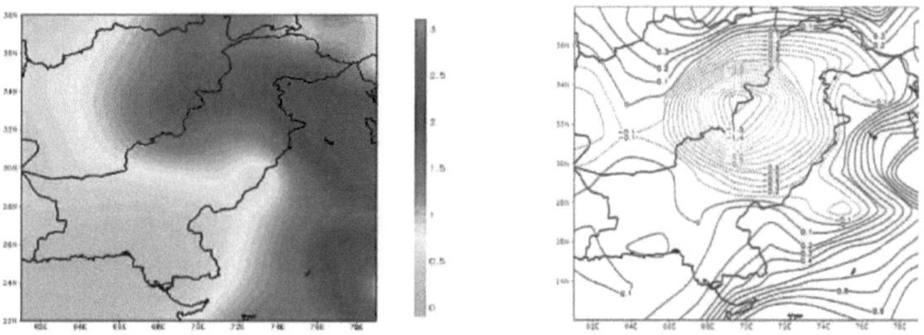

Figura 8 Distribuição espacial das tendências históricas a longo prazo (1979-2016) (à esquerda) e dos declives (à direita) da precipitação média mensal (mm/dia) sobre a superfície da Terra; mostrada utilizando os conjuntos de dados de reanálise do NCEP. Nas regiões do Punjab e do KPK, observa-se uma taxa negativa de variação da precipitação média mensal, com uma diminuição de até -1,6 mm/dia, o que conduz ao stress hídrico na região das sementes oleaginosas.

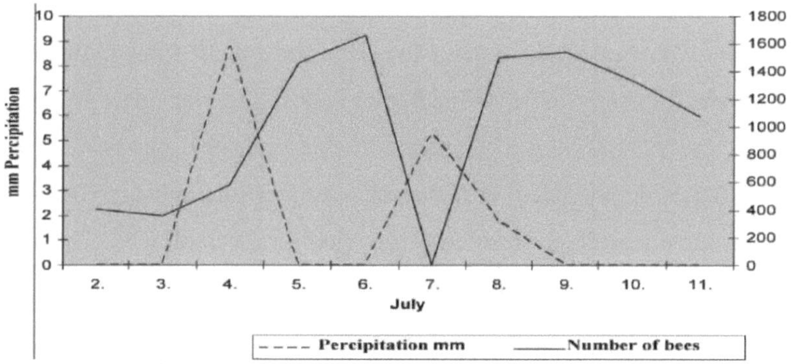

Figura 9: A influência da precipitação nos híbridos de girassol pelas abelhas melíferas visitantes. (Puskadija et al. 2002).

Modelos de sensibilidade à temperatura-precipitação através de projecções

O aquecimento global tem um impacto explícito na precipitação, uma vez que as tendências de aquecimento e evaporação aumentam, levando a um aumento da intensidade e a um prolongamento do período seco, o que, por sua vez, conduz a secas graves. Os estudos mostram que a quantidade, a frequência, a intensidade e o tipo de precipitação se alteraram devido ao aumento do teor de vapor de água na atmosfera em resultado do aquecimento global da temperatura da superfície do mar (SST) e das temperaturas superficiais causadas pelos gases com efeito de estufa (ver, por exemplo, Fowler e Hennessy, 1995; Frei *et al*, 1998; Trenberth 2011; Chou *et al*, 2012). A relação Clausius-Clapeyron é uma lei física bem conhecida que estabelece que a capacidade de absorção de água do ar aumenta em cerca de 7 % com um aumento de temperatura de um grau Celsius. Com o aumento da capacidade de armazenamento, o teor de vapor de água no ar também aumenta se os aerossóis não impedirem a evaporação e o ar se aproximar das condições de gás ideal. Por conseguinte, eventos como tempestades de chuva ou neve, ciclones tropicais e trovoadas são alimentados por um maior fornecimento de humidade, que

Esta situação conduzirá eventualmente a uma precipitação mais intensa, o que aumenta a probabilidade de inundações.

Este estudo analisou os conjuntos de dados AgMERRA recentemente publicados (Ruane *et al.*, 2015) para a temperatura e a precipitação numa base sazonal. O conjunto de dados foi desenvolvido a partir da Análise Retrospetiva da Era Moderna para Investigação e Aplicações (MERRA), previamente estabelecida, que incorpora dados observacionais in-situ e baseados em satélite para a temperatura, precipitação e outras variáveis meteorológicas importantes. O AgMERRA fornece diariamente conjuntos de dados climáticos de alta resolução para analisar a variabilidade climática e os efeitos das alterações climáticas e para os utilizar para fins agrícolas.

Para o presente trabalho de investigação, foi utilizado o resultado do modelo global de grelha de 20 km GCM20, desenvolvido em cooperação entre a Agência Meteorológica do Japão (JMA) e o Instituto de Investigação Meteorológica (MRI). O modelo tem uma grelha gaussiana linear que se trunca triangularmente em 959 unidades horizontais. O modelo baseia-se no modelo operacional de previsão meteorológica numérica da JMA e tem em conta as alterações na radiação e nos processos da superfície terrestre (Mizuta *et al.,* 2012). O modelo foi simulado com um intervalo de tempo de

6 minutos e é capaz de fornecer dados a 60 níveis de pressão verticais (1000hPa - 0,1hPa). O tamanho da grelha do modelo é 1843200 com uma resolução de grelha de 1920x960. A simulação do modelo foi efectuada no cenário A1B em 3 períodos de tempo - 1980-1998, 2007-2025 e 2080-2098.

O RegCM4.3 é a quarta geração recentemente lançada do desenvolvimento do ICTP, Itália. É um modelo hidrostático com coordenadas verticais sigma-p que funciona numa grelha Arakawa B. O modelo é capaz de incorporar vários conjuntos de dados de reanálise, resultados de GCM e resultados do modelo CMIP5 como condições de fronteira. [stst]O período de simulação da conceção experimental vai de 1 de janeiro de 1970 ( ) a 31 de dezembro de 2099 ( ), o que abrange tanto o período de referência como o período de projeção. As condições iniciais e de fronteira para o modelo provêm do modelo CMIP5 GFDL-ESM2M (RF e RCP8.5) com uma resolução espacial de 2,0°x2,5°. O esquema de radiação utilizado na simulação foi adotado do NCAR CCM3. O esquema de transferência biosfera-atmosfera (BATS) foi utilizado para a física da superfície terrestre. Para a parametrização da camada limite planetária, foi utilizado o esquema de Holtslag, que tem origem no Subgrid Explicit Moisture Scheme (SUBEX), enquanto a parametrização dos fluxos oceânicos tem origem no esquema de Zeng. Para a zona tampão lateral, foi escolhida uma relaxação exponencial com uma largura de 20 pontos de grelha para ter em conta o tratamento das fronteiras laterais no modelo.

Modelo DJF 1980-1998 baseado no AgMERRA

A Figura 10 mostra um modelo de regressão linear para a relação entre a temperatura e a precipitação com base nos resultados diários do produto

AgMERRA para a estação DJF 1980-1998 (período de base completo). Observa-se uma tendência negativa (declive) na direção da relação temperatura-precipitação. O modelo linear indica que, para cada aumento de 1°C na temperatura de DJF, a precipitação média diária diminuiu em 0,04 mm/dia. Além disso, a temperatura, por si só, descreveu 0,4% da variação na resposta da precipitação durante a estação DJF.

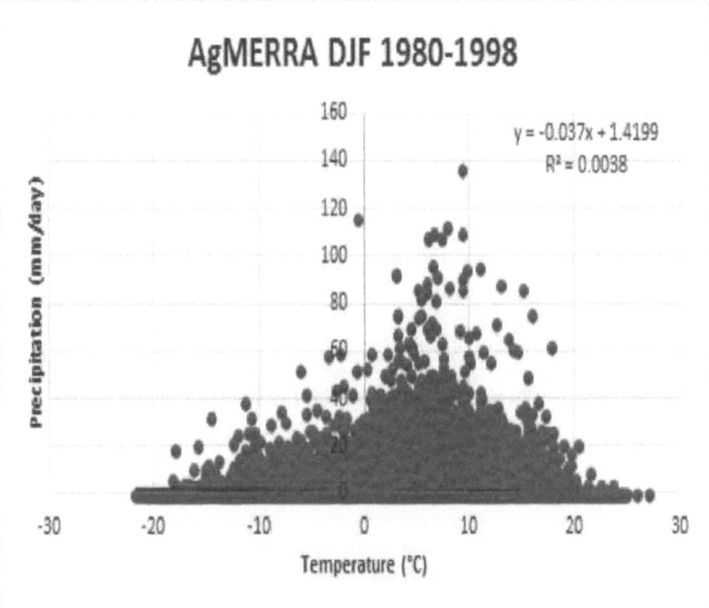

Figura 10: Modelo de regressão linear temperatura - precipitação (linha vermelha) para a estação 19801998 DJF, criado a partir do produto AgMERRA.

Modelo MAM baseado no AgMERRA 1980-1998

A Figura 11 mostra um modelo de regressão linear da temperatura e precipitação criado a partir dos resultados diários do produto AgMERRA para a estação MAM 1980-1998 (período de base completo). A tendência (declive) da relação é negativa, indicando uma diminuição relativa da precipitação por cada grau Celsius de aumento da temperatura. Mais especificamente, a diminuição da precipitação por cada aumento de 1°C na temperatura é de 0,09 mm/dia. A variância da resposta da precipitação explicada pelo fator de previsão da temperatura é de 2,4 % na estação MAM.

Figura 11: Modelo de regressão linear temperatura - precipitação (linha vermelha) para a estação 19801998 MAM, criado a partir do produto AgMERRA.

Modelo JJAS 1980-1998 baseado na AgMERRA

A Figura 12 mostra um modelo de regressão linear da temperatura e precipitação com base na produção diária do produto AgMERRA para a

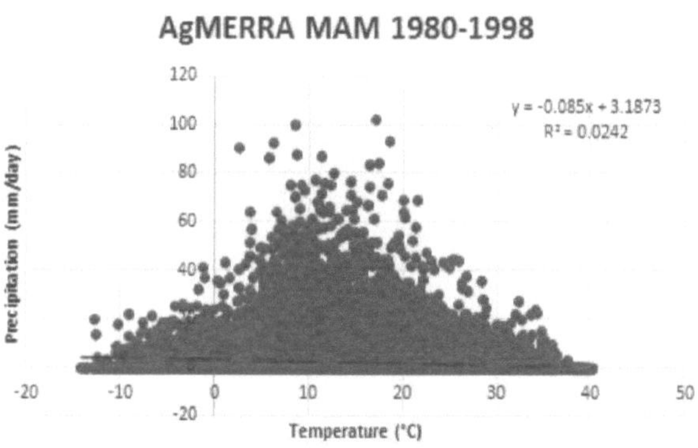

estação JJAS de 1980 a 1998 (período de base completo). A relação entre a temperatura e a precipitação apresenta um gradiente negativo, sugerindo uma taxa negativa de mudança na resposta da precipitação para cada grau Celsius de aumento na temperatura dos JJAS. O modelo de regressão revelou que a precipitação diminui em 0,06 mm/dia/°C, com 0,3% da variância explicada pelo preditor de temperatura da resposta da precipitação na estação JJAS.

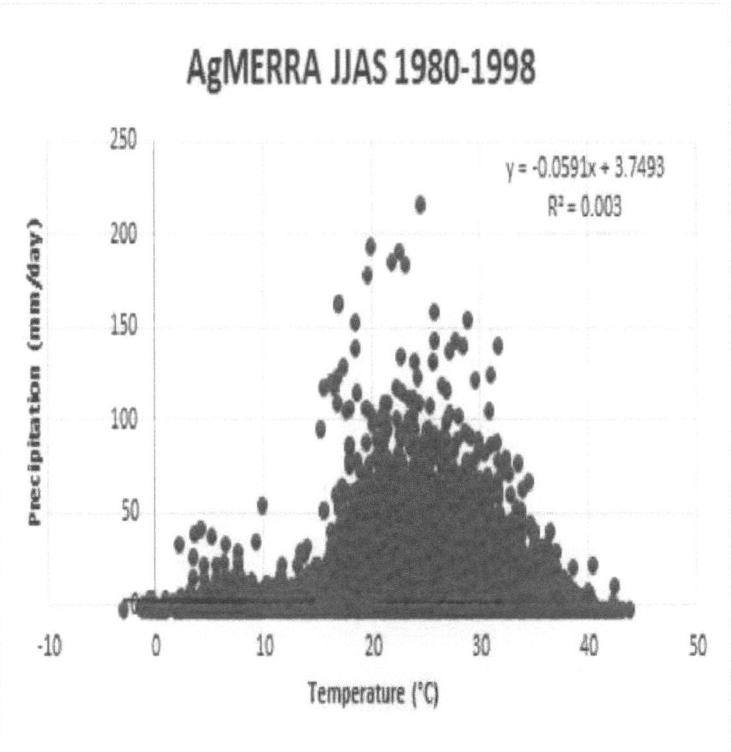

Figura 12: Modelo de regressão linear temperatura - precipitação (linha vermelha) para a estação 19801998 JJAS, criado a partir do produto AgMERRA.

Modelo ON 1980-1998 baseado no AgMERRA

A Figura 13 mostra um modelo de regressão linear de temperatura e precipitação formulado com base na produção diária do produto AgMERRA para a estação ON para todo o período de base 1980-1998. O modelo de regressão linear mostra uma relação inversa, indicando uma diminuição líquida na precipitação da estação ON para cada aumento de 1°C na temperatura ON. O modelo mostrou que a precipitação tende a diminuir em 0,02 mm/dia/°C na estação ON. Para além disso, a temperatura ON, por si só, descreve 0,3% da variação observada na precipitação ON.

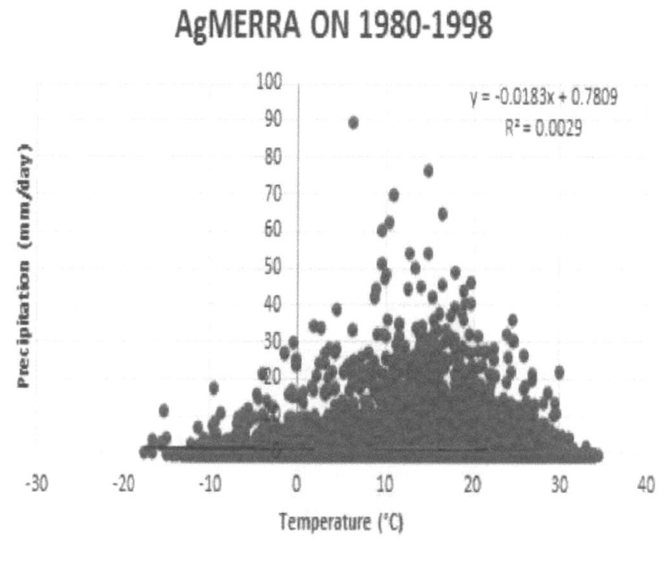

Figura 13: Modelo de regressão linear temperatura - precipitação (linha vermelha) para a estação 19801998 ON, criado a partir do produto AgMERRA.

Modelo DJF 1980-1998 baseado no GCM20

A Figura 14 mostra um modelo de regressão linear temperatura-precipitação formulado com base nos resultados diários do produto GCM20, corrigidos em função do delta e desagregados temporalmente, para a estação DJF do período de base completo 1980-1998. A taxa de variação da resposta da precipitação ao fator de previsão da temperatura é negativa na estação DJF. Para cada aumento de 1°C na temperatura de DJF, o modelo de regressão linear mostrou uma diminuição na precipitação de DJF de 0,01 mm/dia. A percentagem da variância explicada pelo preditor de temperatura para a resposta da precipitação é de 0,05%.

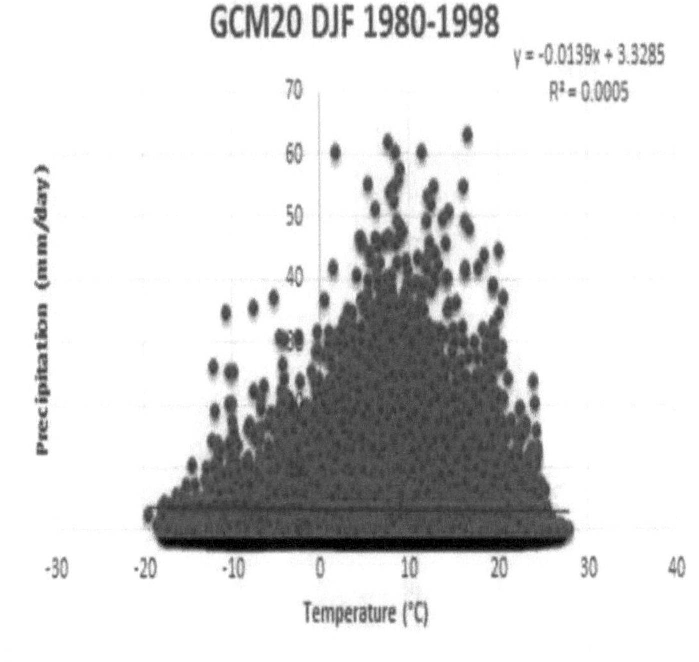

Figura 14: Modelo de regressão linear temperatura - precipitação (linha vermelha) para a estação DJF 19801998, criado a partir do produto GCM20.

Modelo MAM 1980-1998 baseado no GCM20

A Figura 15 mostra um modelo de regressão linear temperatura-precipitação criado a partir dos resultados diários do produto GCM20 corrigidos pelo delta e desagregados temporalmente para a estação MAM 1980-1998 (período de base completo). Observa-se um gradiente negativo na relação linear entre a temperatura e a precipitação, indicando uma diminuição relativa da precipitação diária na estação MAM por cada aumento de 1°C na temperatura MAM. O modelo mostrou uma diminuição na precipitação da MAM de 0,12 mm/dia/°C, com 4,9% da variação na precipitação da MAM sendo explicada pela temperatura média diária da MAM.

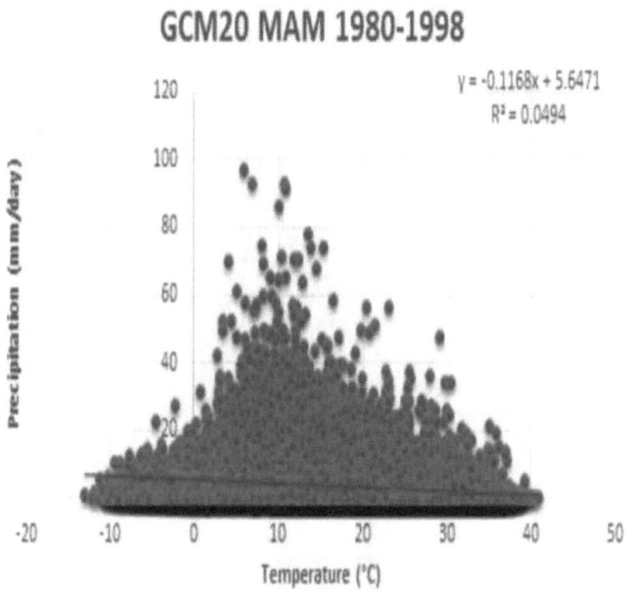

Figura 15: Modelo de regressão linear temperatura - precipitação (linha vermelha) para a estação 19801998 MAM, criado a partir do produto GCM20.

Modelo JJAS 1980-1998 baseado no GCM20

A Figura 16 mostra um modelo de regressão linear de temperatura-precipitação que foi criado com base nos resultados diários do produto GCM20 corrigidos pelo delta e desagregados temporalmente para a estação JJAS do período de base completo de 1980-1998. O modelo mostra uma taxa negativa de mudança na precipitação de JJAS para cada aumento de 1°C na temperatura de JJAS. Numericamente, o gradiente do modelo de temperatura-precipitação dos JJAS é de - 0,0146, indicando uma diminuição na precipitação dos JJAS de 0,02 mm/dia para cada aumento de 1°C na temperatura dos JJAS. Além disso, a temperatura do JJAS explica 0,02% da variância da resposta da precipitação do JJAS.

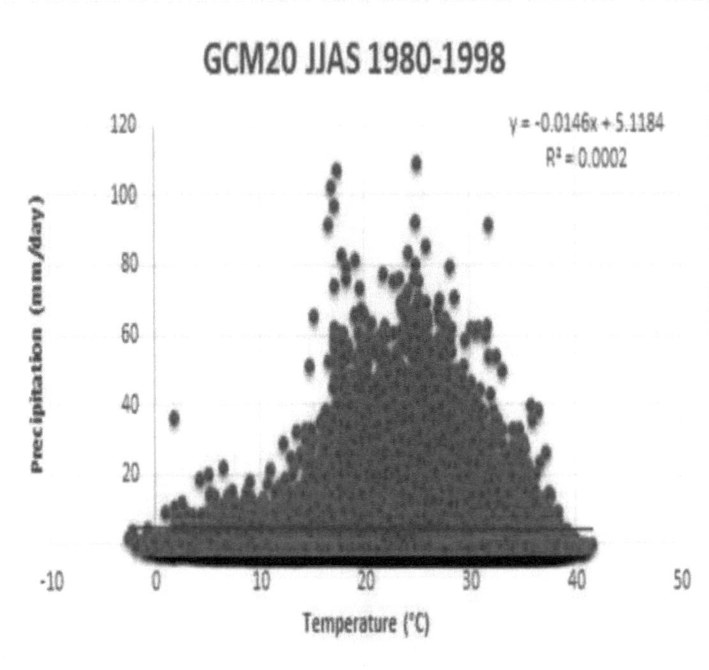

Figura 16: Modelo de regressão linear temperatura - precipitação (linha vermelha) para a estação 19801998 JJAS, criado a partir do produto GCM20.

Modelo ON 1980-1998 baseado no GCM20

A Figura 17 mostra um modelo de regressão linear temperatura-precipitação desenvolvido com base nos resultados diários do produto GCM20, corrigidos em função do delta e desagregados temporalmente, para a estação ON do período de base completo 1980-1998. O modelo mostra um gradiente negativo da resposta da precipitação às variações de temperatura na estação ON. A taxa de diminuição da precipitação na estação ON é de 0,03 mm/dia/°C, com 0,5 % da variação da precipitação na estação ON explicada pela temperatura média diária na estação ON.

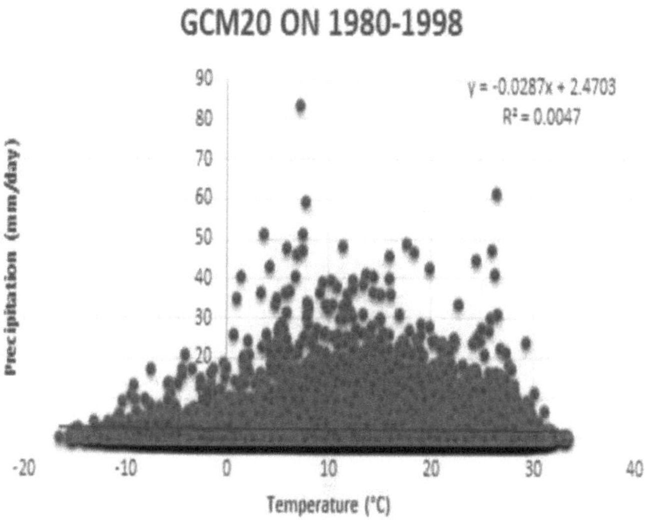

Figura 17: Modelo de regressão linear temperatura - precipitação (linha vermelha) para a estação 19801998 ON, criado a partir do produto GCM20.

Modelo DJF baseado no GCM20 2007-2025

A Figura 18 mostra um modelo de regressão linear temperatura-precipitação criado a partir dos resultados diários do produto GCM20 corrigidos em função do delta e desagregados temporalmente para a estação DJF 2007-2025 no passado próximo, presente e futuro imediato. O declive temperatura-precipitação é negativo, indicando uma relação inversa na estação DJF 2007-2025 no passado próximo, no presente e no futuro imediato. O modelo mostra que para cada aumento de 1°C na temperatura média diária durante o período 2007-2025, espera-se uma diminuição de 0,01 mm/dia na precipitação. Além disso, a temperatura média diária no período 2007-2025 explica 0,05% da variância da resposta da precipitação neste período.

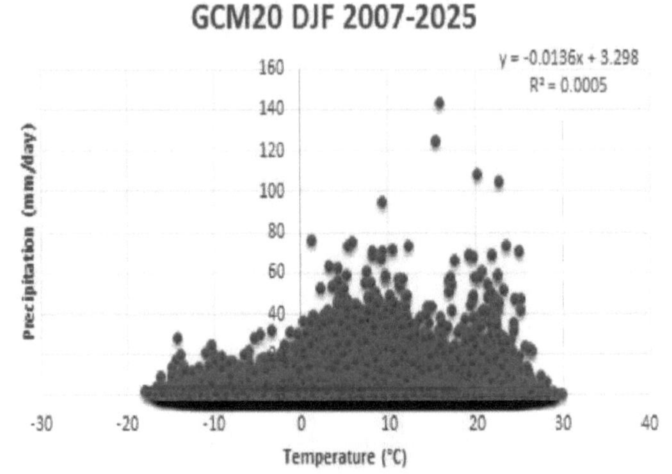

Figura 18: Modelo de regressão linear temperatura - precipitação (linha vermelha) para a estação DJF 20072025, criado a partir do produto GCM20.

Modelo MAM baseado no GCM20 2007-2025

A Figura 19 mostra o modelo de regressão linear de temperatura-precipitação criado a partir dos resultados diários do produto GCM20 corrigidos pelo delta e desagregados temporalmente para a estação MAM 2007-2025 no passado próximo, presente e futuro imediato. No modelo de regressão linear temperatura-precipitação, observa-se um gradiente negativo, indicando uma diminuição da precipitação por cada aumento de 1°C na temperatura média diária da MAM. Mais especificamente, espera-se uma diminuição da precipitação de 0,09 mm/dia/°C na estação MAM do período 2007-2025 (em oposição a 0,12 mm/dia/°C na estação MAM do período de base 1980-1998). A variância explicada pela temperatura média diária para a precipitação é de 4,4% na estação MAM 2007-2025 no passado próximo, presente e futuro imediato (em contraste com 4,9% na estação MAM do período de base 19801998). Isto sugere que as correlações MAM no período de projeção 20072025 são 0,5 % mais fracas do que no período de base 1980-1998.

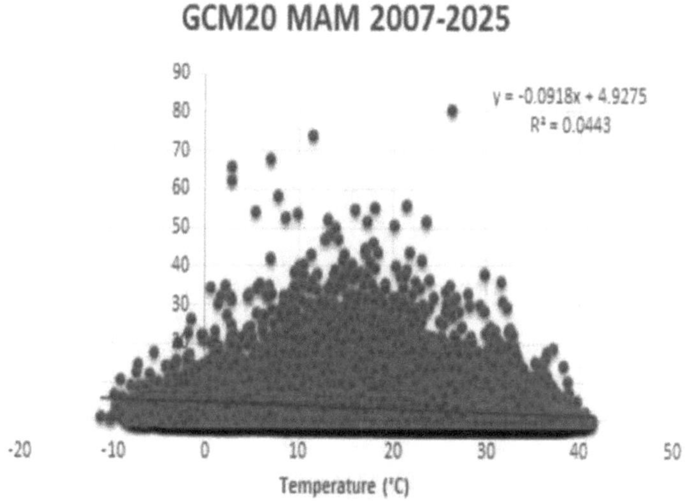

Figura 19: Modelo de regressão linear temperatura - precipitação (linha vermelha) para a estação 20072025 MAM, criado a partir do produto GCM20.

Modelo JJAS 2007-2025 baseado no GCM20

A Figura 20 mostra um modelo de regressão linear temperatura-precipitação criado a partir dos resultados diários do produto GCM20 corrigidos em função do delta e desagregados temporalmente para a estação JJAS 2007-2025 no passado próximo, presente e futuro imediato. A taxa de variação negativa indica uma relação inversa entre a temperatura média diária e a quantidade total de precipitação por dia. Matematicamente, a diminuição esperada da precipitação por cada aumento de 1°C na temperatura média diária dos JJAS é de -0,01 mm/dia no período 2007-2025. No entanto, a variância explicada pela temperatura média diária no período 2007-2025 para a quantidade de precipitação é de apenas 0,003 %. Trata-se de uma diminuição significativa na descrição da variância dos JJAS pela temperatura média diária no período de 2007-2025, em comparação com 0,02% da variância explicada na estação dos JJAS do período de base de 1980-1998.

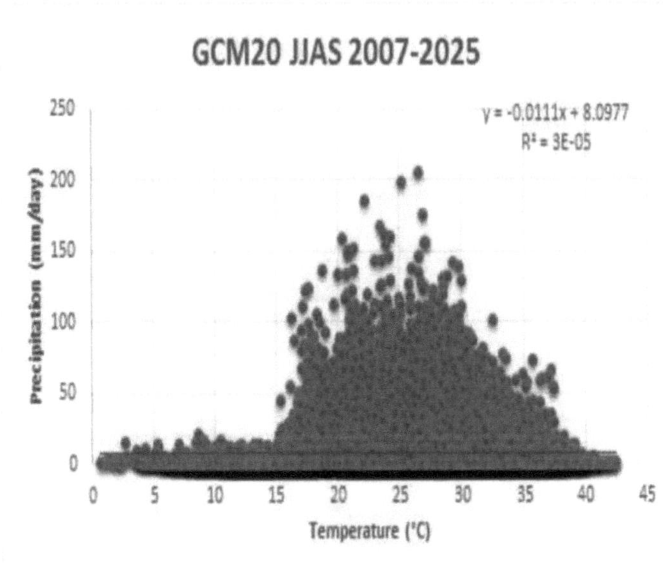

Figura 20: Modelo de regressão linear temperatura - precipitação (linha vermelha) para a estação 20072025 JJAS, criado a partir do produto GCM20.

Modelo ON 2007-2025 baseado no GCM20

A Figura 21 mostra um modelo de regressão linear temperatura-precipitação formulado a partir dos resultados diários do produto GCM20 corrigidos em função do delta e desagregados temporalmente para a estação ON 2007-2025 no passado próximo, presente e futuro imediato. O declive do modelo mostra uma diminuição relativa da precipitação por cada aumento de 1°C na temperatura média diária durante o período 2007-2025. De facto, o modelo mostra uma diminuição da precipitação de 0,02 mm/dia/°C na estação ON do período 2007-2025. Além disso, a variância da precipitação explicada pela temperatura média diária na estação ON 2007-2025 no passado próximo, no presente e no futuro imediato é de 0,1%. Tanto a taxa de variação da precipitação como a variância explicada são susceptíveis de ser inferiores na estação ON 2007-2027 do que na estação ON do período de base 1980-1998.

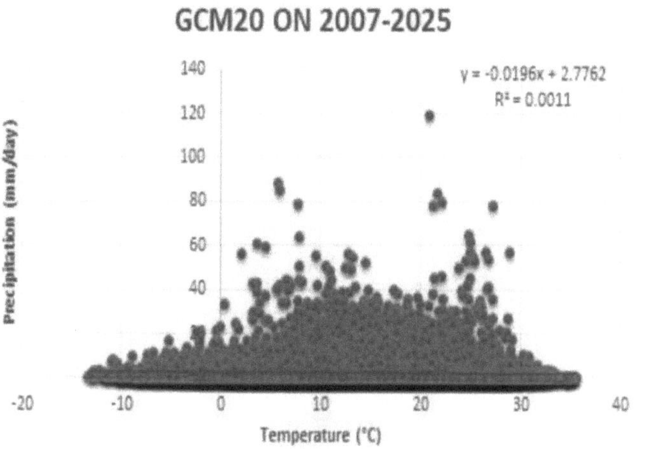

Figura 21: Modelo de regressão linear temperatura - precipitação (linha vermelha) para a estação 20072025 ON, criado a partir do produto GCM20.

Modelo DJF 2080-2098 baseado no GCM20

A Figura 22 mostra o modelo de regressão linear para a temperatura e precipitação que foi criado com base na produção diária do produto GCM20, corrigida em função do delta e desagregada temporalmente, para a estação DJF do período do futuro distante 2080-2098. O modelo de regressão linear prevê uma diminuição da precipitação de 0,04 mm/dia/°C na estação DJF do período do futuro distante 2080-2098. Isto mostra que se espera que a diminuição seja 0,03 mm/dia/°C maior do que nos períodos 2007-2025 e 1980-1998 na estação DJF. Além disso, o modelo de regressão mostra que 0,1% da variação da precipitação é explicada pela temperatura média diária da estação DJF no período futuro distante 2080-2098, em contraste com uma variação menor (0,05%) da precipitação explicada pela temperatura média da estação DJF nos períodos 2007-2025 e 1980-1998. Isto indica um aumento relativo das correlações temperatura-precipitação-DJF no período de projeção de 2080-2098 em comparação com as do período de projeção de 2007-2025 e as do período de base de 1980-1998.

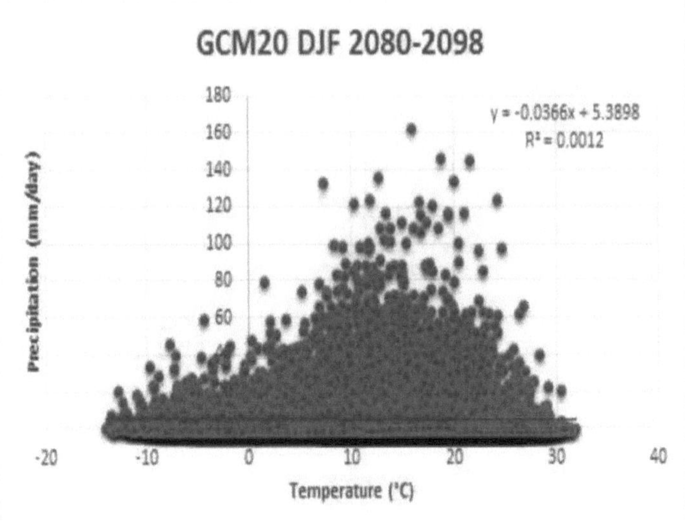

Figura 22: Modelo de regressão linear temperatura - precipitação (linha vermelha) para a estação DJF 20802098, criado a partir do produto GCM20.

Modelo MAM 2080-2098 baseado no GCM20

A Figura 23 mostra um modelo de regressão linear temperatura-precipitação que foi criado a partir dos resultados diários do produto GCM20 corrigidos pelo delta e desagregados temporalmente para a estação MAM do período 2080-2098, que se situa num futuro distante. A taxa negativa de variação da precipitação por cada aumento de 1°C na temperatura média diária é de 0,12 mm/dia. Esta variação corresponde à variação no período de base de 1980-1998, mas é 0,03 mm/dia superior à variação no período de projeção de 2007-2025. Além disso, a quantidade de variância explicada para a precipitação pela temperatura média diária é de 3,6 %, o que é 0,8 % inferior ao período de projeção de 2007-2025 e 1,3 % inferior ao período de base de 1980-1998. Isto resulta numa correlação mais fraca entre a temperatura e a precipitação no período de projeção de 2080-2098, em contraste com as correlações no período de projeção de 2007-2025 e no período de base de 1980-1998.

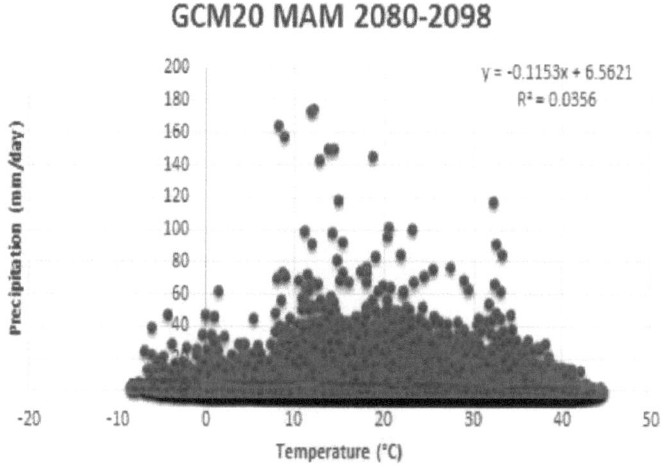

Figura 23: Modelo de regressão linear temperatura - precipitação (linha vermelha) para a estação 20802098 MAM, criado a partir do produto GCM20.

Modelo JJAS 2080-2098 baseado no GCM20

A Figura 24 mostra o modelo de regressão linear temperatura-precipitação construído a partir dos resultados diários do produto GCM20 corrigidos em função do delta e desagregados temporalmente para a estação JJAS do período do futuro distante 2080-2098. A taxa de variação negativa indica uma diminuição da precipitação de 0,16 mm/dia/°C por cada aumento de 1°C na temperatura média diária na estação JJAS do período do futuro distante 2080-2098. Esta taxa de variação é significativamente mais elevada em comparação com a do período de projeção 2007-2025 (=0,01 mm/dia/°C) e do período de base 1980-1998 (=0,02 mm/dia/°C). Além disso, a temperatura média diária do JJAS no período de projeção 2080-2098 descreve 1,08 % da variância na quantidade de precipitação, enquanto as temperaturas médias diárias no período de projeção 2007-2025 e no período de base descrevem 0,003 % e 0,02 % da variância, respetivamente.

Temperaturas no período de projeção 2007-2025 e no período de base 1980-1998 .

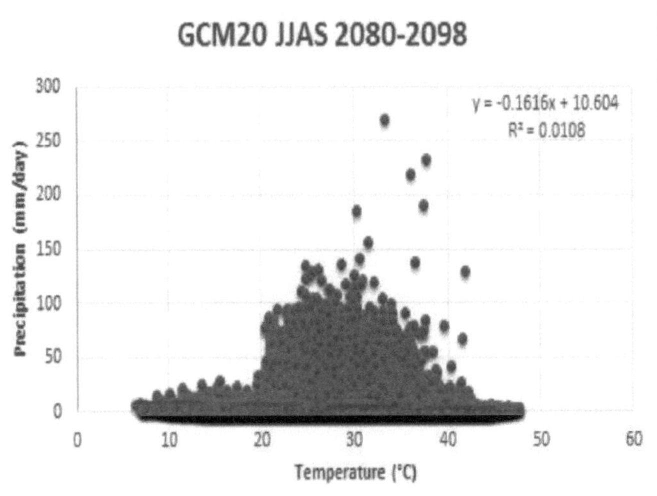

Figura 24: Modelo de regressão linear temperatura - precipitação (linha vermelha) para a estação 20802098 JJAS, criado a partir do produto GCM20.

Modelo ON 2080-2098 baseado no GCM20

A Figura 25 mostra o modelo de regressão linear temperatura-precipitação criado a partir dos resultados diários do produto GCM20, corrigidos em função do delta e desagregados temporalmente, para a estação ON do período futuro distante 2080-2098. O gradiente negativo do modelo de regressão linear indica uma diminuição da precipitação de 0,07 mm/dia/°C. A taxa de variação da precipitação é 0,06 mm/dia/°C mais elevada do que no período de projeção 2007-2025 e 0,04 mm/dia/°C mais elevada do que no período de base da estação ON 1980-1998. Além disso, a temperatura média diária da estação ON no período de projeção de 2080-2098 descreve 0,02% da variação da quantidade de precipitação, por oposição a 0,1% e 0,47% da variação da quantidade de precipitação descrita pela temperatura média diária da estação ON no período de projeção de 20072025 e no período de base de 1980-1998, respetivamente.

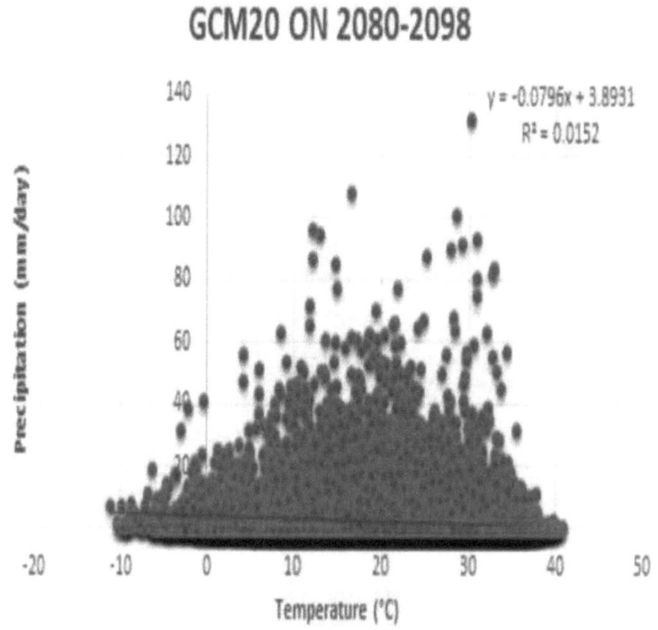

Figura 25: Modelo de regressão linear temperatura - precipitação (linha vermelha) para a estação 20802098 ON, criado a partir do produto GCM20.

O RegCM4.3 baseia-se no modelo DJF 1980-1998

A Figura 26 mostra um modelo de regressão linear da temperatura e precipitação criado a partir da produção diária do produto RegCM4 para a estação DJF do período de base 1980-1998. Pode observar-se uma taxa de variação negativa de 0,03 mm/dia na quantidade de precipitação por cada aumento de 1°C na temperatura média diária da estação DJF no período de base 19801998. A proporção da variação na quantidade de precipitação que é explicada pela temperatura média diária é de 3,5% na estação DJF do período de base 1980-1998.

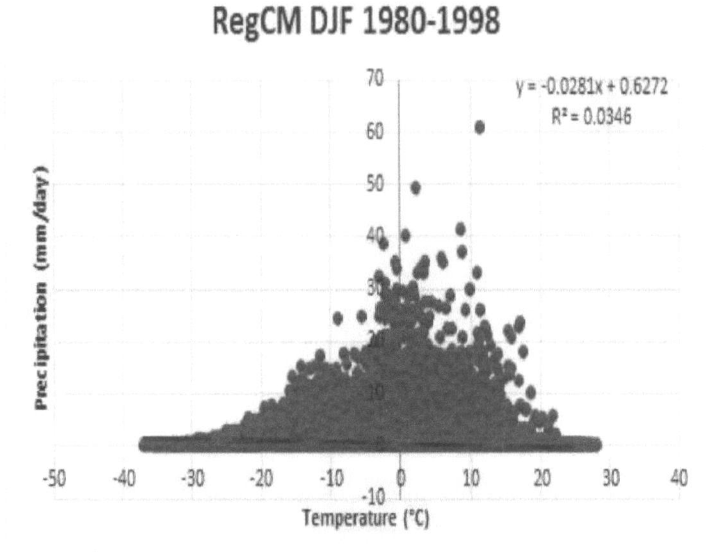

Figura 26: Modelo de regressão linear temperatura - precipitação (linha vermelha) para a estação 19801998 DJF, criado a partir do produto RegCM4.3.

O RegCM4.3 baseia-se no modelo MAM 1980-1998

A Figura 27 mostra um modelo de regressão linear de temperatura-precipitação criado com base na saída diária do produto RegCM4 para a estação MAM do período de base 1980-1998. O gradiente negativo do modelo de regressão linear mostra um decréscimo na precipitação da MAM de 0,04 mm/dia/°C no período de base de 1980-1998. Além disso, a temperatura média diária da MAM descreve sozinha 9,1 % da variação na precipitação da MAM para o período de base de 1980-1998.

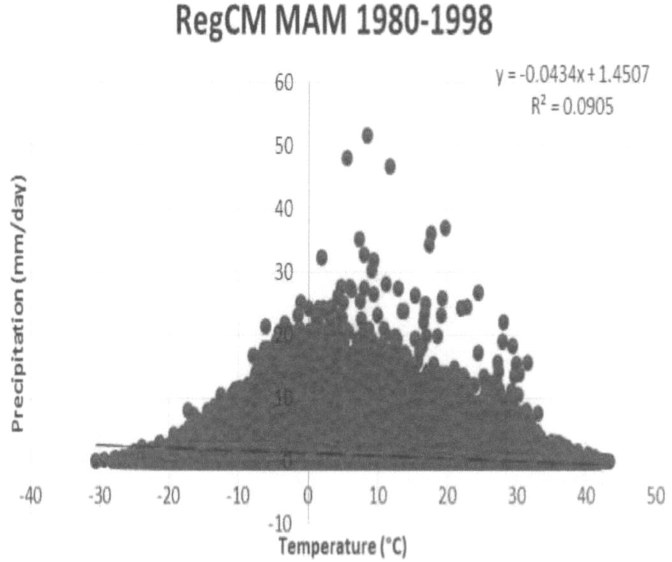

Figura 27: Modelo de regressão linear temperatura - precipitação (linha vermelha) para a estação 19801998 MAM, criado a partir do produto RegCM4.3.

O RegCM4.3 baseia-se no modelo JJAS 1980-1998

A Figura 28 mostra um modelo de regressão linear da temperatura e precipitação formulado a partir dos resultados diários do produto RegCM4 para a estação JJAS do período de base 1980-1998. A taxa negativa de diminuição da precipitação nos JJAS por aumento de 1°C na temperatura média diária dos JJAS é de 0,05 mm/dia. A variância explicada pela temperatura média diária dos JJAS para a precipitação dos JJAS é de 3,5 % para o período de base 1980-1998.

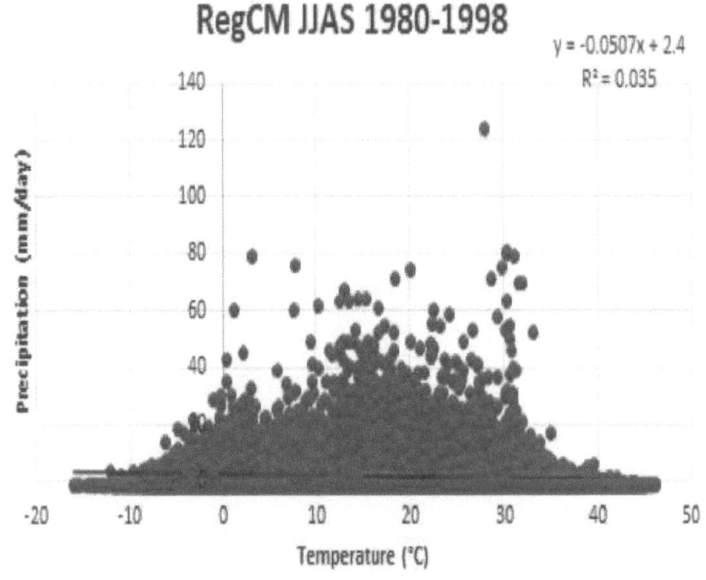

Figura 28: Modelo de regressão linear temperatura - precipitação (linha vermelha) para a estação 19801998 JJAS, criado a partir do produto RegCM4.3.

RegCM4.3 Baseado no modelo ON 1980-1998

A Figura 29 mostra um modelo de regressão linear temperatura-precipitação criado a partir da saída diária do produto RegCM4 para a estação ON do período de base 1980-1998. A relação inversa entre a regressão temperatura-precipitação indica uma diminuição da precipitação de 0,04 mm/dia/°C na estação ON do período de base 1980-1998. A média diária da temperatura ON do RegCM4 explica 3,9 % da variação da precipitação diária do RegCM4 no período de base 1980-1998.

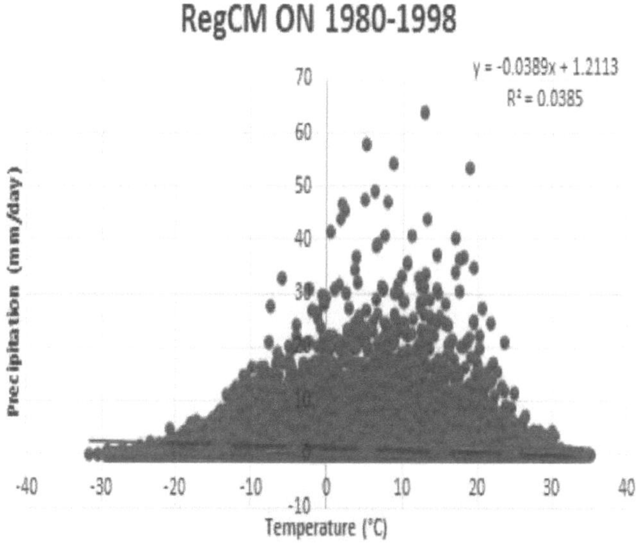

Figura 29: Modelo de regressão linear temperatura - precipitação (linha vermelha) para a estação 19801998 ON, criado com o produto RegCM4.3.

O RegCM4.3 baseia-se no modelo DJF 2007-2025

A Figura 30 mostra o modelo de regressão linear para a temperatura e precipitação criado a partir dos resultados diários do produto RegCM4 para a estação DJF durante o período de projeção 2007-2025. A taxa negativa de diminuição da precipitação indica uma diminuição de 0,03 mm/dia por cada aumento de 1°C na temperatura média diária para a estação DJF durante o período de projeção de 2007-2025. A variância explicada para a precipitação de DJF pela temperatura média diária de DJF é de 3,6 % no período de projeção de 2007-2025, 0,1 % superior à variância explicada no período de base de 1980-1998.

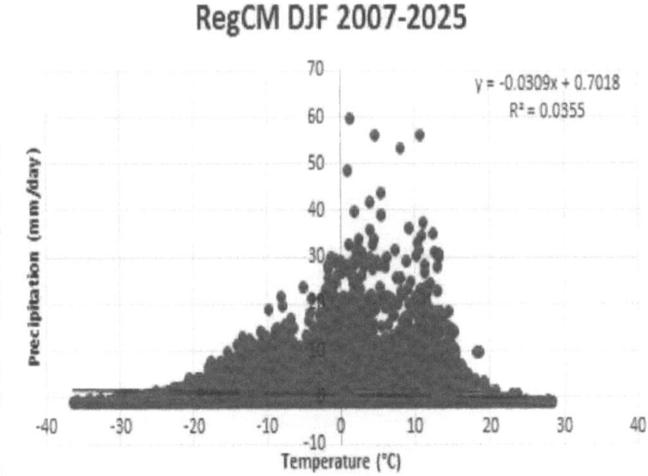

Figura 30: Modelo de regressão linear temperatura - precipitação (linha vermelha) para a estação 20072025 DJF, criado a partir do produto RegCM4.3.

Modelo MAM baseado no RegCM4.3 2007-2025

A Figura 31 mostra um modelo de regressão linear de temperatura-precipitação que foi desenvolvido a partir dos resultados diários do produto RegCM4 para a estação MAM no período de projeção 2007-2025. Pode ser observado um gradiente negativo no modelo de regressão temperatura-precipitação. Expresso em números, a taxa de diminuição da precipitação por 1°C é de 0,04 mm/dia. A temperatura média diária da MAM descreve 8,7 % da variância da precipitação da MAM no período de projeção 2007-2025, o que é 0,4 % menos do que o descrito na estação MAM do período de base 1980-1998. Isto resulta numa correlação relativamente mais fraca entre a temperatura e a precipitação da MAM no período de projeção de 2007-2025, em comparação com a do período de base de 1980-1998.

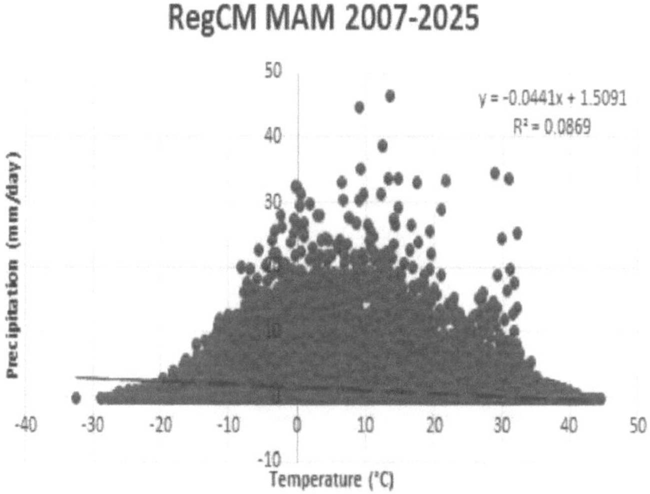

Figura 31: Modelo de regressão linear temperatura - precipitação (linha vermelha) para a estação 20072025 MAM, criado a partir do produto RegCM4.3.

O RegCM4.3 baseia-se no modelo JJAS 2007-2025

A Figura 32 mostra um modelo de regressão linear da temperatura e precipitação modelado a partir da produção diária do produto RegCM4 para a estação JJAS no período de projeção 2007-2025. A taxa de diminuição da precipitação por 1°C é de 0,05 mm/dia, o que corresponde ao valor modelado para o período de base 1980-1998. No entanto, a variância explicada pela temperatura média diária dos JJAS para a precipitação dos JJAS diminui de 3,5% no período de base de 1980-1998 para 3,2% no período de projeção de 2007-2027. As correlações dos JJAS entre a temperatura e a precipitação serão, por conseguinte, mais fracas no período de projeção de 2007-2025 em comparação com o período de base de 1980-1998.

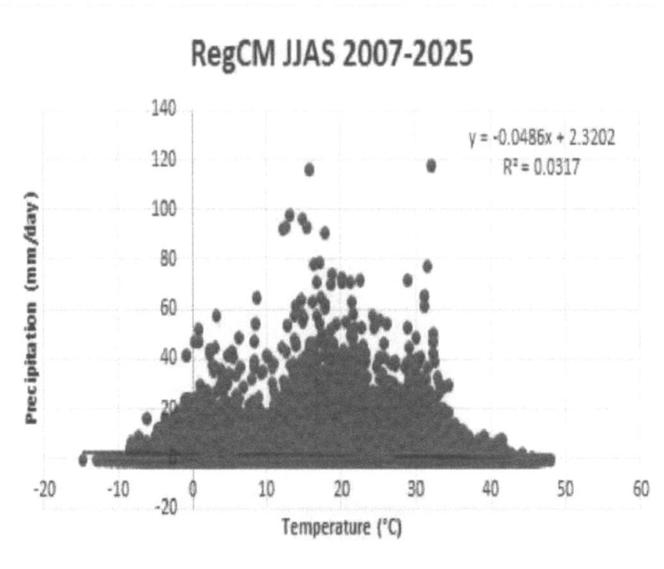

Figura 32: Modelo de regressão linear temperatura - precipitação (linha vermelha) para a estação 20072025 JJAS, criado a partir do produto RegCM4.3.

Modelo ON 2007-2025 baseado no RegCM4.3

A Figura 33 mostra um modelo de regressão linear temperatura-precipitação formulado a partir dos resultados diários do produto RegCM4 para a estação ON no período de projeção 2007-2025. O modelo de regressão temperatura-precipitação mostra uma inclinação negativa, que numericamente indica uma diminuição de 0,04 mm/dia/°C na precipitação do ON. A variância explicada para a precipitação do ON pela temperatura média diária do ON no período de projeção 2007-2027 é 0,3 % inferior à variância explicada no período de base 1980-1998. Isto indica correlações comparativamente mais fracas entre a temperatura do ON e a precipitação no período de projeção de 2007-2027, em comparação com as do período de base de 1980-1998.

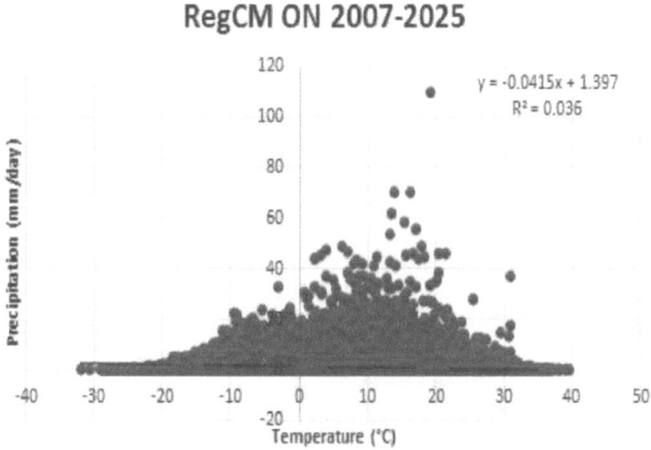

Figura 33: Modelo de regressão linear temperatura - precipitação (linha vermelha) para a estação 20072025 ON, criado com o produto RegCM4.3.

Modelo DJF 2080-2098 baseado no RegCM4.3

A Figura 34 apresenta um modelo de regressão linear de temperatura-precipitação construído com base na produção diária do produto RegCM4 para a estação DJF durante o período de projeção de 2080-2098. A relação inversa entre a regressão linear da temperatura e a precipitação indica numericamente uma diminuição da precipitação em DJF de 0,05 mm/dia/°C durante o período de projeção de 2080-2098. A temperatura média diária de DJF explica 1,1 % da variância da precipitação de DJF no período de projeção de 2080-2098. A explicação da variância na estação de DJF do período de projeção de 2080-2098 é 2,5 % inferior à da estação de DJF do período de projeção de 2007-2025 e 2,4 % inferior à da estação de DJF do período de base de 1980-1998. Isto resulta numa correlação DJF relativamente mais fraca entre a temperatura e a precipitação no período de projeção de 2080-2098, em contraste com a do período de projeção de 2007-2025 e a do período de base de 1980-1998.

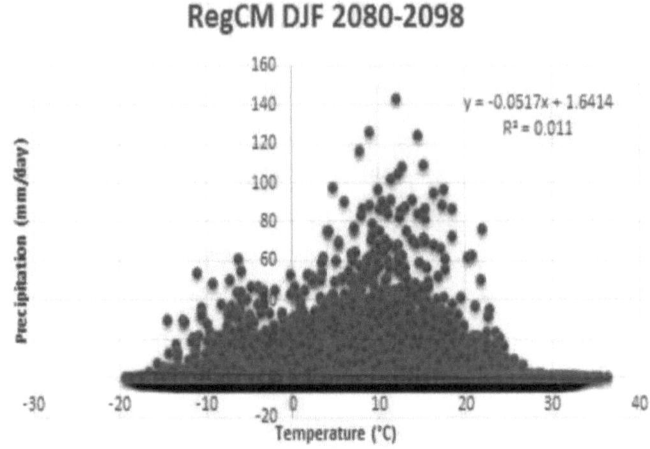

Figura 34: Modelo de regressão linear temperatura - precipitação (linha vermelha) para a estação 20802098 DJF, criado a partir do produto RegCM4.3.

Modelo MAM 2080-2098 baseado no RegCM4.3

A Figura 35 mostra um modelo de regressão linear de temperatura-precipitação criado a partir da produção diária do produto RegCM4 para a estação MAM no período de projeção de 2080-2098. A taxa de diminuição da precipitação da MAM é de 0,09 mm/dia/°C no período de projeção de 2080-2098, que é 0,05 mm/dia/°C mais do que no período de projeção de 2007-2025 e no período de base de 1980-1998. A temperatura média diária da MAM descreve 3,5% da variância da precipitação da MAM no período de projeção de 2080-2098, que é 5,2% menos do que no período de projeção de 2007-2025 e 5,6% menos do que no período de base de 1980-1998. O resultado é uma correlação relativamente fraca entre a temperatura da MAM e a precipitação até ao final do século.

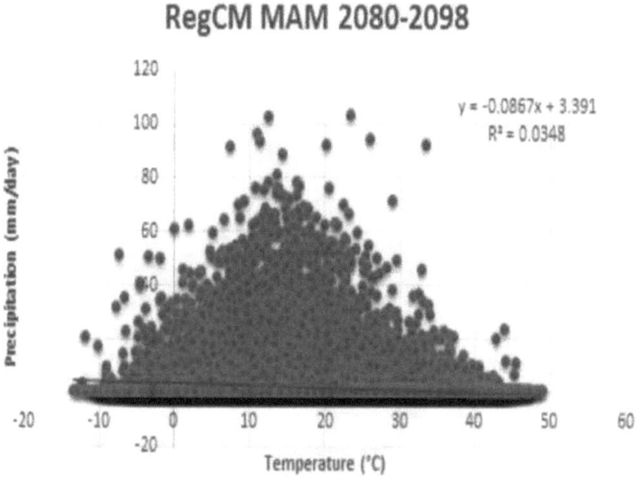

Figura 35: Modelo de regressão linear temperatura - precipitação (linha vermelha) para a estação 20802098 MAM, criado a partir do produto RegCM4.3.

Modelo JJAS 2080-2098 baseado no RegCM4.3

A Figura 36 mostra um modelo de regressão linear de temperatura-precipitação criado a partir da produção diária do produto RegCM4 para a estação JJAS durante o período de projeção 2080-2098. O gradiente negativo do modelo de regressão linear de temperatura-precipitação para a estação de JJAS indica uma diminuição na precipitação de JJAS de 0,08 mm/dia para cada aumento de 1°C na temperatura média diária de JJAS durante o período de projeção de 2080-2098. A variância explicada para a precipitação dos JJAs pela temperatura média diária dos JJAs é de 0,65% no período de projeção de 2080-2098, que é 2,5% menor do que no período de projeção de 2007-2025 e 2,8% menor do que no período de base de 1980-1998. Isto resulta numa diminuição relativa da força das correlações temperatura-precipitação dos JJAS até ao final do século.

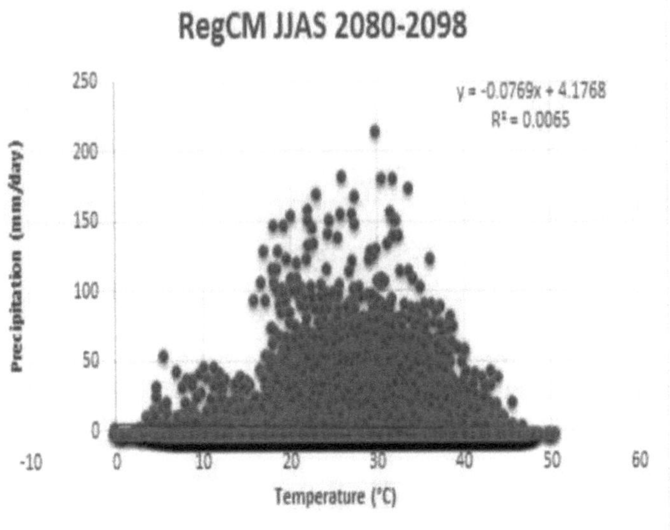

Figura 36: Modelo de regressão linear temperatura - precipitação (linha vermelha) para a estação 20802098 JJAS, criado a partir do produto RegCM4.3.

Modelo ON 2080-2098 baseado no RegCM4.3

A Figura 37 mostra um modelo de regressão linear da temperatura e precipitação criado a partir dos resultados diários do produto RegCM4 para a estação ON no período de projeção 2080-2098. A taxa de diminuição da precipitação ON para o período de projeção 2080-2098 é de 0,03 mm/dia/°C. Esta taxa de diminuição é comparativamente mais baixa do que na estação ON do período de projeção de 2007-2025 e do que na estação ON do período de base de 1980-1998. A temperatura média diária ON explica 0,64 % da variância da precipitação ON para o período de projeção de 2080-2098. Esta explicação da variância é significativamente mais baixa do que na estação ON do período de projeção de 2007-2025 (diferença de 3 %) e do período de base de 1980-1998 (diferença de 3,3 %). Pode deduzir-se daqui que as correlações entre a temperatura e a precipitação serão mais fracas no final do século, tal como previsto pelos parâmetros médios de temperatura e precipitação do produto RegCM4.

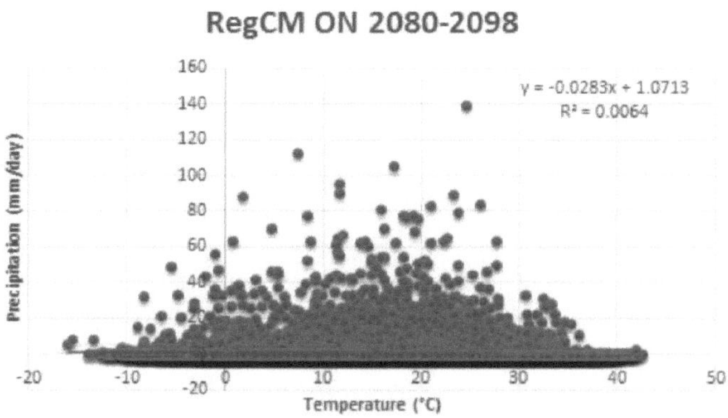

Figura 37: Modelo de regressão linear temperatura - precipitação (linha vermelha) para a estação 20802098 JJAS, criado a partir do produto RegCM4.3.

Recomendações políticas:

O projeto Status and Trends of European Pollinators (STEP) (http://www.step- project.net/) está a cartografar a natureza e a extensão do declínio dos polinizadores, a monitorizar as tendências práticas associadas a ameaças específicas, a desenvolver uma lista vermelha de grupos importantes de polinizadores europeus (em especial abelhas) e a lançar as bases para futuros programas de monitorização dos polinizadores. O STEP analisa também a importância relativa dos potenciais factores de tais alterações, que incluem as alterações climáticas, a perda e fragmentação de habitats, os agroquímicos, os agentes patogénicos, as espécies exóticas, os poluentes luminosos e as suas interacções. O STEP mede os impactos ecológicos e monetários do declínio dos serviços dos polinizadores e da riqueza floral, bem como as consequências para as populações de plantas selvagens, a produção agrícola e a nutrição humana. Avalia também as alternativas de atenuação actuais e potenciais e oferece novas análises da sua eficácia em toda a Europa. O trabalho baseia-se em conjuntos de dados e modelos actuais, complementados por estudos de campo espacialmente replicados, a fim de colmatar as lacunas do conhecimento atual. O STEP integra os resultados num quadro aplicável às políticas e desenvolve ferramentas de apoio à decisão baseadas em dados concretos. Estabelece também ligações de comunicação com uma vasta gama de partes interessadas em toda a Europa e não só, juntamente com decisores políticos, apicultores, agricultores, cientistas e o público em geral. Globalmente, o programa de Investigação e Política aumenta o nosso conhecimento sobre a natureza, as causas, as consequências e a potencial atenuação do declínio dos polinizadores a nível local, continental e internacional.

Na sequência da missão STEP, é necessária uma abordagem política sólida que dê os passos fundamentais para colmatar as actuais lacunas de conhecimento sobre os polinizadores. Um plano de trabalho proposto pode mapear as características actuais dos polinizadores e da flora polinizada por insectos, examinar a função de vários factores na origem dessas tendências, considerar as implicações ecológicas e monetárias dessas alterações e potenciais medidas de atenuação e comunicar os resultados a um vasto leque de interessados. O plano de trabalho pode também adotar uma abordagem integradora, considerando a gama mais vasta possível de taxa de polinizadores, incluindo tanto os polinizadores controlados (abelhas melíferas e algumas espécies de abelhas e abelhas solitárias) como os polinizadores selvagens (abelhas, abelhas solitárias, moscas varejeiras e borboletas), uma vez que todos estes grupos contribuem para aspectos únicos dos serviços de polinização das culturas e plantas selvagens do Paquistão.

Em geral, é aconselhável avaliar o estado atual e as características dos polinizadores no Paquistão, quantificar a importância relativa dos diferentes factores e impactos da mudança, identificar medidas e políticas de mitigação adequadas e divulgar esta informação a um vasto leque de partes interessadas. Esta intenção pode ser apoiada por dezasseis objectivos claros que podem incluir o plano de trabalho do futuro programa de conservação dos polinizadores no Paquistão.

1- Documentação do estado e das características dos polinizadores (abelhas controladas, abelhas selvagens e moscas varejeiras) e das populações vegetais polinizadas por animais.
2- Identificar e analisar as múltiplas pressões que conduzem a alterações nos polinizadores e nas flores de polinização animal a uma escala que vai dos campos individuais às paisagens e a todo o território nacional.
3- Determinação do impacto das alterações das populações e dos grupos de polinizadores na flora e na vegetação selvagens e das alterações dos recursos florais nos polinizadores.
4- Avaliação e síntese de técnicas para atenuar os efeitos da adaptação em polinizadores e plantas polinizadas por animais.
5- Investigar como alguns factores afectam os polinizadores e as plantas polinizadas por animais a nível local, realizando testes empíricos e observações importantes.
6- Analisar e melhorar a interface entre os conhecimentos científicos baseados na avaliação das alterações dos polinizadores e os

instrumentos políticos destinados a reduzir as perdas de polinizadores e a atenuar os seus impactos.

7- Reforçar a comunicação e as ligações académicas com um vasto leque de partes interessadas e o público em geral sobre a importância das recentes alterações nos polinizadores, os principais factores e impactos das alterações nos polinizadores e as estratégias para atenuar os impactos através da divulgação e da educação.

8- É urgentemente necessária uma política global e coordenada para atenuar os efeitos negativos das alterações climáticas. É importante utilizar o potencial dos recursos humanos e naturais de forma eficiente e eficaz. Recomenda-se o desenvolvimento de variedades de sementes oleaginosas com um período de maturação curto, uma vez que estas amadurecem antes do início da fase de maior calor.

9- O governo deve formular e aplicar políticas de tecnologias limpas para travar o aumento das emissões nocivas de carbono que conduzem a catástrofes climáticas.

10- O governo deveria formar um comité para avaliar objetivamente a situação e recomendar medidas a curto, médio e longo prazo para combater as alterações climáticas.

11- O governo deve informar plenamente os agricultores sobre o impacto potencial das alterações climáticas na polinização das culturas, a fim de manter e aumentar a produção agrícola.

12- Os investigadores devem concentrar-se na população de polinizadores, que é influenciada pelo aumento dos factores ambientais.

13- Ao invernar as colónias de abelhas melíferas no exterior e no interior, os apicultores devem seguir as tendências climáticas previstas, a fim de otimizar a taxa de sobrevivência no inverno, gerindo as colónias de forma a garantir plenamente a saúde dos polinizadores.

14- Incluir recomendações para avaliar a vulnerabilidade às alterações climáticas de espécies de polinizadores selvagens seleccionadas.

15- Conservação e recuperação de zonas húmidas, prados e florestas.

16- Expansão dos espaços verdes que proporcionam habitats para os polinizadores.

Conclusão:

Embora os efeitos exactos das alterações climáticas sejam difíceis de prever, podem agravar o declínio dos polinizadores, alterando o equilíbrio entre as abelhas e o seu ambiente, aumentando a sua vulnerabilidade e o risco de doença. Neste contexto, há provas de que as alterações climáticas provocaram um degelo mais precoce na primavera, o que fez com que muitas plantas no Paquistão florescessem mais cedo do que o normal. Isto pode levar a um declínio das populações de polinizadores se as plantas florescerem em alturas em que os polinizadores não estão activos. Os polinizadores também necessitam de uma ligação ininterrupta aos recursos alimentares, e as mudanças nas principais alterações sazonais, como a época de floração e a abundância de insectos, podem levar a lacunas na sequência da floração, que podem não satisfazer o apetite dos polinizadores ou colónias de vida mais longa. A gama de influência dos polinizadores também pode mudar com o aumento das temperaturas. Espera-se que as abelhas que vivem em ambientes tropicais expandam a sua área de distribuição, enquanto as abelhas que vivem em climas temperados com áreas de distribuição mais estreitas poderão sofrer uma redução na sua área de distribuição e correm o risco de declínio populacional. Para além do aumento gradual das temperaturas ao longo do último século, as alterações climáticas conduziram a fenómenos meteorológicos extremos mais frequentes, como tempestades, inundações, vagas de calor e secas no Paquistão. Os polinizadores já são afectados pelos efeitos das alterações climáticas. Os fenómenos meteorológicos extremos podem ter impactos ainda mais graves nestes polinizadores, causando perdas elevadas durante o inverno. Os polinizadores menos migratórios, como os pequenos escaravelhos e as abelhas que nidificam no solo, podem ser mais afectados por fenómenos como inundações e tempestades. Os fenómenos meteorológicos extremos podem não só perturbar os meios de subsistência de insectos individuais, mas também afetar negativamente colónias inteiras ou populações locais.

Referências

Abrol D. P. 2007. Foraging behaviour of Apis mellifera and Apis cerana as determined by the energetics of nectar production in different varieties of Brassica campestris var. toria. J Apic Sci 51(2):5-10.

Abrol D. P. 2008. Interação entre plantas e insectos em crucíferas. In: Gupta SK (ed) Biology and breeding of crucifers. CRC Press/Taylor and Francis, EUA, pp. 129-149.

Abrol D. P. 2009. bees and beekeeping in India, 2ª edição. Kalyani Publishers, Nova Deli, p. 720.

Adams, Richard M., Hurd, Brian H., Lenhart Stephanie, Leary, Neil, 1998, Effect of global climate change on agriculture: an interpretative review CLIMATERESEARCH Clim Res, Vol.11:1,20,21.

Akhalkatsi, M. & Losch, R. 2005. Efeitos da limitação de água no desenvolvimento e germinação de sementes de Trigonella coerulea (Fabaceae). Flora, 200: 493-501.

Berthier, E., Schiefer, E., Clarke, G. K. C., Menounos, B. e Remy, F. 2010: Contribution of Alaskan glaciers to sea level rise from satellite imagery, Natural. Geosciences. Vol.3, 92-95, doi:10.1038/NGEO737.

Boyer, J.S. & Westgate, M.E. 2003. cereal yields with limited water. In: International Conference on Water-Smart Agriculture and Sustainable Use of Water and Soil Resources in Arid and Semi-Arid Areas, pp. 2385-2394. Oxford, UK, Oxford Univ. Press.

Cane, J.H. 2002. abelhas polinizadoras (Hymenoptera: Apiformes) de alfafa dos EUA em comparação com as taxas de formação de vagens e sementes. J Econ Entomol, 95: 22-27.

CBD COP6 2002, secções reformadas: parágrafos 4-6, 14-15, 17 e 21 Biodiversidade agrícola elemento 3 Reforço de capacidades www.cbd.int/decision/ cop/?id=7179

Chou C., Chen C. A., Tan P. H., Chen K. T. 2012. Mechanisms for the impact of global warming on precipitation frequency and intensity (Mecanismos para o impacto do aquecimento global na frequência e intensidade da precipitação). Journal of Climate 25: 3291-3306, DOI: 10.1175/JCLI-D-11-00239.1.

Cleland E. E., Chuine I., Menzel A., Mooney H. A., Schwartz M. D. 2007. Shifts in plant phenology in response to global change. Tendências em Ecologia e Evolução 22: 357-365.

Defra. 2014 National Pollinator Strategy: para abelhas e outros polinizadores em Inglaterra.

Deutsch C. A., Tewksbury J. J., Huey R. B., Sheldon K. S., Ghalambor C. K., Haak D. C., Martin P. R., 2008. Effects of climate warming on terrestrial ectotherms at different latitudes. Actas da Academia Nacional de Ciências, 105, 6668-6672.

Deutsch, C. A., et al. 2008. Impacts of climate warming on terrestrial ectotherms across latitude, Proceedings of the National Academy of Sciences, 105, 18, 66686672.

Dicks L. V., Mathilde B., Stuart P. M. R., James P., Mike G., Claire C. 2015. Quanto habitat rico em flores é suficiente para os polinizadores selvagens? Respondendo a uma importante questão política com conhecimento incompleto. Ecological Entomology, 2015. 40: p. 22-35.

Eilers E. J., Kremen C., Smith Greenleaf S., Garber A. K., Klein A. M. 2011 Contribuição das culturas mediadas por polinizadores para os nutrientes no abastecimento alimentar humano. PLoS ONE 6(6): e21363.

Feehan J., Harley M., Minnen J. 2009. climate change in Europe. 1. Impactos nos ecossistemas terrestres e na biodiversidade. A review. Agron. Sustain. Dev. 29, 409-421. DOI: 10.1051/agro:2008066.

Fowler A., Hennessy K. 1995: Possible effects of global warming on the frequency and magnitude of heavy precipitation. Natural Hazards **11**: 283-303.

Free J. B. 1993. insect pollination of crops, 2nd edn. Academic, Harcourt Brace Jovanovich Publishing, Londres, p. 684.

Frei C., Schar C., Luthi D., Davies H. C. 1998. Processos de precipitação intensa num clima mais quente. Geophysical Research Letters 25: 1431-1434.

Gallai N., Jean M. S., Josef S., Bernard E. V. 2009. Economic assessment of the vulnerability of global agriculture in the face of pollinator decline (Avaliação económica da vulnerabilidade da agricultura mundial face ao declínio dos polinizadores). Ecological Economics 68, 810-821.

Galloway, L.F., Cirigliano, T. & Gremski, K. 2002. A contribuição do tamanho da tela e da dicogamia para a geitonogamia potencial em Campanula americana. Int J Plant Sci, 163: 133-139.

Gliddon, C., Boudry, P., Walker, S. 1999 gene flow - a review of experimental evidence. Capítulo 7. in: Environmental impact on genetically modified crops, AJ Gray, F Amijee, CJ Gliddon, eds. DETR, Londres, pp.

65-79.

Graham, Joe M. (ed.) 1992. the hive and the honeybee. Dadant and Sons, Hamilton, IL. **Polito, Vito S., Warren C. Micke, and Dale E. Kester,** 1996. bud development, pollination, and fertilisation. Pp. 98-102. in Handbook of Almond Production. Publicação 3364 da Universidade da Califórnia para Agricultura e Recursos Naturais.

Griffin KL, Seemann JR. 1996. plants, CO2 and photosynthesis in the 21st century. Chem Biol 3: 245-254.

Harris HC, McWilliams JR, Mason WK. 1978. Influência da temperatura no teor e composição do óleo de girassol. Aust. J Agric Res 29: 1203-1212.

Hegland, S.J. & Totland, O. 2005. relações entre os traços florais das espécies e a visitação de polinizadores numa pradaria temperada. Oecologia, 145: 586-594.

Hegland, S.J., Nielsen, A., Lazaro, A., Bjerknes, A.L. & Totland, 0. 2009. How does climate warming affect plant-pollinator interactions? Ecol Letters, 12: 184-195.

Inouye, D.W. 2008. effects of climate change on phenology, frost damage, and floral abundance of montane wildflowers. Ecol, 89: 353-362.

IPCC. 2007. Climate change 2007: synthesis report - contribution of Working Groups 1, 2 and 3 to the Fourth Assessment Report of the Intergovernmental Panel on Climate Change. In: Change IPoC, Genebra.

IPCC. Climate Change 2014: Impacts, Adaptation, and Vulnerability Working Group II Contribution to the Fifth Assessment Report of the Intergovernmental Panel on Climate Change [Alterações Climáticas 2014: Impactos, Adaptação e Vulnerabilidade - Contribuição do Grupo de Trabalho II para o Quinto Relatório de Avaliação do Painel Intergovernamental sobre Alterações Climáticas]. (Cambridge: Cambridge University Press, 2014).

Karim, Khan, "Climate Change Cost Pakistan 3.5 Billion Dollars in 18 Years" Dec 09, 2009 Disponível em http://freebird.instablogs.com/entry/climate-change-cost- pakistan-35-mil milhões de euros em 18 anos/#ixzz0qnHzBhRM.

Kimball, B. A. 1983. Carbon dioxide and agricultural yields: Uma compilação e análise de 430 observações anteriores. Agron. J. 75(5):779-788.

Kluser S., e Peduzzi P. 2007. Global pollinator decline: a literature review. PNUA/GRID, Genebra.

Kudo G., Nishikawa Y., Kasagi T., Kosuge S. 2004. A produção de sementes de efémeras primaveris diminui quando a primavera chega mais cedo? Ecological Research, 19, 255259.

Kudo, G. & Harder, L.D. 2005. Efeitos florais e da inflorescência na variação da remoção de pólen e na produção de sementes em seis espécies de leguminosas. Funct Ecol, 19: 245254.

LWEC. 2016 Melhorar os prados urbanos para as pessoas e a vida selvagem. Living With Environmental Change Policy & Practice Note 32.

Meier, M. F., Dyurgerov, M. B., Rick, U. K., O'Neel, S., Pfeffer, W. T., Anderson, R. S., e Glazovsky, A. F., 2007: Glaciers dominate eustatic sea-level rise in the 21st century. Science, 317(5841),1064.

Melser, C. & Klinkhamer, P.G.L. 2001. O aborto seletivo de sementes aumenta a sobrevivência da descendência em Cynoglossum officinale (Boraginaceae). Am J Bot, 88: 10331040.

Memmott, J., Craze, P.G., Waser, N.M. & Price, M.V. 2007. global warming and the disruption of plant-pollinator interactions. Ecol Letters, 10: 710-717.

Mishra R. C., Kumar J., Gupta J. K. 1988. The effect of mode of pollination on yield and oil potential of Brassica campestris L. var. sarson with observation on insect pollinators. J Apic Res 27:186-189.

Mitchell, R.J., Karron, J.D., Holmquist, K.G. & Bell, J.M. 2004. The influence of Mimulus ringens flower size on pollinator visitation patterns. Funct Ecol, 18: 116-124.

Mizuta R., Yoshimura H., Murakami H., Matsueda M., Endo H., Ose T., Kamiguchi K., Hosaka M., Sugi M., Yukimoto S., Kusunoki S., Kitoh A. 2012. Simulações climáticas utilizando o MRI-AGCM3.2 com uma grelha de 20 km. Jornal da Sociedade Meteorológica do Japão 90A: 233-258.

Oliver, T. H., Isaac, N. J. B., August, T. A., Woodcock, B. A., Roy, D. B. e Bullock, J. M. 2015. Declínio da resiliência das funções do ecossistema com a perda de biodiversidade. Nature Communications, 6. 10122. ISSN 2041-1723.

Ollerton J., Rachael W., Sam T., 2011. Quantas plantas com flor são polinizadas por animais? Oikos 120, 321-326.

Pacini, E., Nepi, M. & Vesprini, J.L. 2003. Biodiversidade do néctar: um breve panorama. Plant Systematics Evol 238: 7-21.

Parmesan, C. 2006: Respostas ecológicas e evolutivas às alterações climáticas recentes. Annu. Rev. Ecol. Evol. Syst. 37, 637-669.

Philipp, M. & Hansen, T. 2000. A influência do tamanho da planta e da corola na deposição de pólen e na formação de sementes em Geranium sanguineum (Geraniaceae). North J Botany, 20: 129-140.

PODB. Conselho de Desenvolvimento de Sementes Oleaginosas do Paquistão, Gabinete de Estatísticas do Paquistão.

Potts S. G. et al. 2010. Declínio das abelhas melíferas geridas e dos apicultores na Europa? J Apic Res 49:15-22.

Potts S. G., Biesmeijer J. C., Kremen C., Neumann P., Schweiger O., Kunin W. E. 2010. Global pollinator declines: trends, impacts and causes. Trends Ecology Evolution 25, 345-353.

Puskadija Z., E. Stefanie, A. Mijic, Z. Zdunic, N. Paradzikovic, T. Florijancic, A. Opacak 2007. Influência das condições climatéricas nas visitas da abelha melífera (apis mellifera carnica) durante o período de floração do girassol (helianthus annuus l.). ISSN 1330-7142 UDK = 638.111.5:633.854.78.

Rao G. M., Suryanarayana M. C., Thakar C. V. 1980. bees can increase oilseed production. Indian Farming 29:25-26.

Ravi S., James D. C., Alex F. e Stacey A. C., 2013. rolando com o fluxo: abelhas voam em ondas turbulentas. The Journal of Experimental Biology 216, 4299-4309© 2013. publicado por The Company of Biologists Ltd. doi:10.1242/jeb.090845

Regan E. C., Luca S., Lisa I., Michael H., Carlo R., Andy S., Joseph T., Stuart H. M. B., 2015. Tendências globais na situação dos polinizadores de aves e mamíferos. Conservation Letters. doi: 10.1111/conl.12162.

Ruane A., Goldberg R., Chryssanthacopoulos J. 2014. Conjuntos de dados de forçagem climática AgMIP para modelação agrícola: produtos fundidos para preenchimento de lacunas e estimativa de séries climáticas históricas. Agricultural and Forest Meteorology, 200, 233-248, doi:10.1016/j.agrformet.2014.09.016.

Santangeli A., Lynn V. D., Irina H., Aija S. K., William J. S., Atte M. 2016. Abordagens voluntárias não monetárias para a implementação da conservação. Biological Conservation. 197: p. 209-214.

Schweiger, O., Biesmeijer, J.C., Bommarco, R., Hickler, T., Hulme, P., Klotz, S., Kuhn, I., Moora, M., Nielsen, A., Ohlemuller, R., Petanidou, T., Potts, S.G., Pysek, P., Stout, J. C., Sykes, M., Tscheulin, T., Vila,

M.,Wather, G.R. & Westphal, C. 2010. Multiple stressors on biotic interactions: Como as alterações climáticas e as espécies exóticas afectam a polinização. Biol Rev, 85: 777-795.

Sutherst, R.W., Maywald, G.F. & Bourne, A.S. 2007. including species interactions in risk assessments for global change. Global Change Biol, 13: 18431859.

Suttle, K. B., Thomsen, M. A. & Power, M. E. 2007. species interactions reverse grassland responses to climate change. Science (80). 315, 640-642.

Taub DR, Miller B, Allen H. 2008. effects of elevated CO_2 on protein concentration in food crops: a meta-analysis. Glob Change Biol 14: 565-575.**Thompson, C.E., Squire, G., Mackay. G.R., Bradshaw, J.E., Crawford, J., e Ramsay, G.** 1999. Regional patterns of gene flow and their implications for genetically modified oilseed rape. In Gene flow and agriculture : relevance for transgenic crops : (Keele, 12-14 de abril de 1999).

Thorp, Robbin W., 1996. gestão das abelhas para a polinização. Pp. 132-138. in: Almond Production Handbook. Publicação 3364 da Universidade da Califórnia para Agricultura e Recursos Naturais.

Timmons, A.M., O'Brien, E.T., Charters, Y.M., Dubbels, S.J., Wilkinson, M.J. 1995. Assessment of the risks of wind pollination of fields with Brassica napus ssp. oleifera. Euphytica 85: 417-423.

Trenberth K. 2011. Mudanças na precipitação com as alterações climáticas. Climate Research 47: 123-138, DOI: 10.3354/cr00953.

Iniciativa da ONU-Habitat Cidades e Alterações Climáticas (CCCI). 2014. Boletim eletrónico.

Van Der Putten, W.H., De Ruiter, P.C., Bezemer, T.M., Harvey, J.A., Wassen, M. & Wolters, V. 2004. trophic interactions in a changing world. Basic Appl Ecol 5: 487-494.

Walther, G.-R. 2010. Respostas das comunidades e dos ecossistemas às alterações climáticas recentes. Philos. Trans. R. Soc. B Biol. Sci. 365, 2019-2024.

Wheeler, T.R., Craufurd, P.Q., Ellis, R.H., Porter, J.R. & Prasad, P.V.V. 1999. temperature fluctuations and the yield of annual crops. In: Conference on food and forestry: global change and global challenges, pp. 159-167. Reading, UK, Elsevier Science.

Zahedi H., A.H. Shirani Rad, G. Noor mohammadi, D. Habibi e M.

Boojar. 2009. Os efeitos da aplicação de zeólito no solo e da aplicação foliar de selénio no crescimento e nos componentes do rendimento de três cultivares de colza sob stress hídrico. World Appl. Sci. J. 7: 255-262.

Indice

MIX
Papier aus verantwortungsvollen Quellen
Paper from responsible sources
FSC® C105338

Printed by Books on Demand GmbH, Norderstedt / Germany